시간의 불가사의

타임머신에서 스티븐 호킹까지

전파과학사는 독자 여러분의 책에 관한 아이디어와 원고 투고를 기다리고 있습니다. 디아스포라는 전파과학사의 임프린트로 종교(기독교), 경제·경영서, 일반 문학 등 다양한 장르의 국내 저자와 해외 번역서를 준비하고 있습니다. 출간을 고민하고 계신 분들은 이메일 chonpa2@hanmail.net로 간단한 개요와 취지, 연락처 등을 적어 보내주세요.

시간의 불가사의

타임머신에서 스티븐 호킹까지

–
초판 1쇄 1996년 06월 05일
개정 1쇄 2023년 09월 26일

–
지은이 쓰즈키 다쿠지
옮긴이 손영수
발행인 손동민
디자인 강민영

–
펴낸곳 전파과학사
출판등록 1956. 7. 23 제 10-89호
주 소 서울시 서대문구 증가로18, 204호
전 화 02-333-8877(8855)
팩 스 02-334-8092
이메일 chonpa2@hanmail.net
홈페이지 www.s-wave.co.kr
공식 블로그 http://blog.naver.com/siencia

ISBN 978-89-7044-630-1(03420)

시간의 불가사의

타임머신에서 스티븐 호킹까지

쓰즈키 다쿠지 지음 | 손영수 옮김

전파과학사

'시간이란 도대체 뭘까?' 라고 질문한다면 '당신은 어지간히 할 일도 없군요'라는 대답이 돌아오는 것이 고작일 테다. 시간이라는 것은 우리가 평소 골똘히 생각하는 대상과는 거리가 멀다. '매일 매일이 시간이 아니겠나', '시간에 쫓기느라 하루하루 바빠서 못 견디겠다'라는 것이 일반적인 생각일 것이다.

그만큼 시간이라는 것은 우리 몸에 배어들어 버린 '양'이지만, 그런 만큼 시간을 분석하여 객관화하기란 어려운 노릇이다. 길이나 질량과 마찬가지로 물리적 기본량이라는 것에는 변함이 없지만, 눈으로 볼 수도 없고 힘이나 온도처럼 피부를 통해 감각으로 느낄 수도 없기 때문일 것이다. 또 시간 자체가 자연과학의 주역이 되는 일도 적고, 항상 변수라든가 파라미터 등의 지위를 감수하고 있는 것도 특징일 테다.

물리학에서 다루는 양이라는 것은 무게, 운동량, 에너지, 전기량 등이다. 모두 물체(연구대상)가 지니는 특성이지만, 시간만은 인간과 자연 현상이 사이좋게 공유하고 있는 속성이다. 게다가 일정 방향으로만 경과해 간다는 점을 생각해 보면 매우 기묘하다.

상대성이론에 의해 시간의 관점은 약간 변화했지만, 그래도 아득한 과거부터 멀리 장래로 이어지고 있는 이 '성질'은 매우 특이한 것이라고 하지 않을 수 없다. '아득한 과거'라고는 표현했지만 그 시초는 언제일까'. '장래라고 하는 것에 한계가 있을까?', '아니면 파란 하늘처럼 무한한 것일까?' 시간에 관해 생각할 때 당연히 이 같은 의문이 떠오르고, 사색의 결과는 우주의 탄생이라든가 그것의 최후에 다다르기 일쑤다.

우주에도 시초가 있었느냐, 만약 있었다고 한다면 '그것은 어떤 것이냐' 라고 하는 의문은 일상에 지친 머리를 환기한다. 직장인이라면 업무를, 학생이라면 눈앞의 시험을 잊고 때때로 이런 비현실적인 사색 속에 한때를 내맡겨 보는 것도 나쁘지는 않다. 바쁜 나날 속 기뻐하거나 슬퍼하고 있는 일도 우주라고 하는 커다란 그릇과 영겁의 시간에 비교하면 아주 작은 한 줌의 사건에 불과한 것일 테니까 말이다.

특히 최근 비전문가 사이에서도 우주론에 대한 관심은 높아지고 있다. 휠체어의 물리학자 스티븐 호킹(Stephen William Hawking, 1942~2018)의 유니크한 학설이 발표되고, 그가 1985년, 1990년, 1991년에 일본에서 강연을 하면서 더욱 관심이 모였다. 그의 강연 내용은 흥미진진했다. 백 수십억 년 전의 옛날, 지구조차도 아직 없었던 그 무렵 '우주란 무엇이었는지'를 해명하고, '블랙홀은 어떤 운명에 처할 것인지'에 관해 말하는 등 그의 강연은 무척 흥미로웠다. 또 그는 논문을 통해 20세기 초에 시작된 상대론과 양자론이라고 하는 2대 이론을 훌륭하게 결합하기도 했다.

이 책은 '시간'이라고 하는 앞에서 말한 것과 같은 참으로 기묘한 개념을 주제로 삼아, 주로 물리학의 최근의 발전을 추적해본 것이다. 시간이라고 한들 결코 단순한 것은 아니며, 여러 측면을 더불어 지니고 있다. 인간의 의식의 시간, 천문시간, 생물시간, 우주시간, 허수시간 등 분류해 가면 한도 없다. 그래서 독자가 특히 관심 가질 만한 7가지 주제로 이 책을 구성했다.

당연히 깊은 이해에는 상대론도 양자론도 필요하게 되는데, 이것들과 정면으로 씨름하려면 복잡한 수학의 도움이 필요하다. 그러나 이 책은 그것들을 전문적으로 연구하는 것은 아니다. 예를 들어 시간의 앞뒤는 어떻게 되어 있느냐, 그것에 대답하는 데에 우주가 필요하다면 우주 자체를 알기 쉽게 설명하려는 것이 목표이다. 특히 상대론이나 양자론에 대한 해설서는 많이 볼 수 있으므로 그것들을 참고하기 바란다.

우주와 그 시초가 궁금한 비전문가 독자들을 위해 되도록 친근한 비유를 들어 내용을 설명했다. 그렇다 보니 엄밀한, 그리고 정량적인 내용이 희생되는 것도 부득이할 테다. 필자는 '정확하지 않으면 말하지 말라'라는 것은 전문가의 오만이라고 생각한다. 독자들이 어느 정도 감을 잡고 '대충 이렇다'라고 조금이나마 느낀다면 이 책의 목적은 달성한 셈이다.

끝으로 이 책의 집필에 있어서, 참고 문헌 등의 소재로 그 밖에 여러 가지로 돌봐주신 고단샤의 스에타케 씨에게 깊은 감사를 드린다.

쓰즈키 다쿠지

차례

5장 호킹의 허수시간

6장 호킹의 역전하는 시간

영원한(?) 시간

1장

타임머신을 생각한다

16

크리스마스 캐럴

1

타임머신을 생각한다

공상을 넘어서

그리스 신화에 따르면, 하늘의 신 제우스(Zeus)는 여러 악을 가두어 넣은 상자를 인류 최초의 여성 판도라(Pandora)에게 주었다. 이윽고 그 상자 속으로부터 탐욕, 허영 등의 사악(邪惡)이 튀어나와 인간 세계를 오염시키고 최후에 희망만이 판도라의 상자에 남았다고 한다.

인간의 공상력은 결코 악이라고는 할 수 없는데, 사람은 아주 오랜 옛날부터 끊임없이 소망을 실현하곤 했기 때문이다. 하늘을 날고 싶으면 비행기를 만들어내고 바다 속 깊숙한 곳을 탐색하고 싶어지면 잠수함을 발명해 왔다. 수명을 연장하기 위해 의약을 개발하고, 눈에 보이지 않는 먼 곳의 천체를 관찰하기 위해 각종 -전파와 X선을 이용한- 망원경을 만들어 냈다. 1969년에는 달 표면에 실제로 도착하여, 바야흐로 민간인이라도 우주로켓을 탈 수 있는 시대를 열었다.

그러나 '오늘은 심심풀이로 세종대왕 시대로 가보고 올까'라든지 '잠깐 내년이나 들여다보고 올까' 하는 등의 소망은 판도라의 상자에 갇힌 희망과 마찬가지로 아직도 실현되지 않고 있다. '타임머신'은 불로장생약처

그림 1-1 | 하늘을 날고 싶어 비행 원리를 연구한 라이트형제

럼 하나의 꿈에 불과하지 않다.

하지만 꿈 얘기라고는 하나, 그것은 불로장생약처럼 아무리 발버둥 쳐도 무리한 것인지, 아니면 원리적으로는(물리학의 입장에서 말하면) 가능하기 때문에 실현될지도 모를 것인지는 크게 흥미가 끌리는 바이다. 이 흥미를 처음으로 소설로 쓴 사람은 영국의 작가 허버트 조지 웰스(Herbert George Wells, 1866~1946)였다. '공간 속은 전후좌우, 자유로이 돌아다닐 수 있는데 시간은 그렇지 않은 것은 왜일까?' 발명가인 주인공은 이 수수께끼를 풀어 마침내 시간여행을 가능케 하는 장치를 발명한다. 그리고 미

래의 세계로 여행을 떠난다. 웰스의 『타임머신』의 줄거리다. 웰스는 고학 끝에 이학사(理學士)의 학위를 받은 사람이므로 결코 과학에 무지한 사람은 아니었다. 그러나 웰스의 소설이 나타난 것은 19세기 말이며, 당시는 시간의 흐름이라는 것은 절대적인 것이었다. 물리학이건 철학이건, 인간도, 동물도, 지구도, 천체도 모두 같은 걸음으로 '시간'이라는 길을 걸어가고 있다……고 굳게 믿어 의심하는 일이 없었다. 그렇기 때문에 당시에 타임머신은 그저 공상일 뿐이었다.

미래를 들여다본다

그런데 알베르트 아인슈타인(Albert Einstein)이라는 천재 물리학자가 나타난 1905년에 특수상대론을, 1915년부터 1916년에 걸쳐서 일반상대론을 발표함에 이르러, '시간'이라는 것은 멈추어 놓을 수 있는 큰 강과 같은 단조로운 흐름이 아니라 훨씬 더 막힘 없이 유통되는 것임을 알기 시작하게 되었다.

상세한 내용은 뒷부분으로 돌리기로 하고, 만약 이 세상에 빛보다 더 빠른 입자가 존재한다면 시간을 거슬러 미래를 잠깐 들여다본다는 것도 터무니 없는 말이라고만 할 수는 없게 되었다. 그런 입자가 존재하는지 아닌지는 큰 문제이나, 미국의 일부 대학에서는 그것의 검출에 힘쓰고 있다고 한다. 이 초광속 입자를 물리학에서는 타키온(tachyon)이라고 명명

그림 1-2 | H. G. 웰스(1866~1946) 영국의 소설가이자 문명비평가.

고생 끝에 이학사가 되어 과학교과서를 쓴 것이 저술가가 되는 실마리가 되었다고 한다.

한다. 다만 이 불가사의한 입자의 에너지의 제곱(에너지를 두 번 곱한 것)은 마이너스가 된다. 즉 에너지(또는 질량)가 수학에서 말하는 '허수(虛數)'라고 하는 참으로 알기 어려운 값이 된다. 허수에 대해서는 뒤에 나오는 호킹의 이론에서 다시 설명하기로 하자.

내일, 지구의 어딘가부터 타키온이 튀어나가면, 이것을 먼 저편에서 교묘히 반전시켜서 결국은 왕복운동을 하게 하여, 이 타키온을 오늘 지구위에서 포착할 수가 있다. 타키온이 가령 모스 신호라면 내일의 정보를 오늘 알 수 있다고 하는 참으로 불가사의한 결과를 가져온다. 실제로 타키온이 존재하는지 어떤지, 하물며 달려가는 타키온에 '뒤로 돌아가'를 시킬 수 있는지, 또 '뒤로 돌아가'를 한 결과 어떤 현상이 생기는지 등은 유감스럽지만 이해할 수가 없다. 그렇다고 해서 나중에 우주론에서 말하듯이 초광속이라고 하는 따위의 사항을 전혀 생각할 수 없는 것도 아니다.

사실 타키온에 의해 미래의 정보를 손에 넣는 것만으로는 재미가 없다. 인간이 타임머신을 개발하고 싶어 하는 것은 '자유롭게' 미래나 과거로 가고 싶기 때문이다..

미래로 간다

이 경우도 이야기를 좀 정리해서 생각하지 않으면 안 된다. 아이슈타인은 하나의 우주 존재만을 생각했지만, 그의 식으로부터 유도되는 블랙홀과 같은 특수한 시공(時空) 영역에 대해 1970년대에 여러 가지 검토가 이루어졌다. 그 결과 꽤 많은 물리학자의 학설에 의해서 우주는 둘, 또는 많이 존재한다는 것으로 되었다. 그리고 우주의 블랙홀로 빨려 들어간 것은 우주의 웜홀(worm hole)을 통해서 저쪽 우주로 튀어나갈 수도 있다고 한다.

물론 블랙홀처럼 극도로 중력이 무거운 장소에서 인간의 몸은 실제로 산산조각이 되어버린다. 그러나 그것은 차치하고(즉, 인간이 산 채로 웜홀을 통과할 수 있다고 가정하고) 인간의 여행을 생각하면 저쪽 우주로 빠져나간

(웜홀(worm hole)은 우주의 맨홀!)

인간은 유감스럽게도 과거로 갔는지 미래를 경험하는 것인지 비교할 수가 없다.

이와 같이 낯선 다른 우주로 가버린다고 하면 타임머신으로의 가치는 적다. 저쪽 우주란, '나는 이 세상으로부터 없어져 버리고 싶다', 현세와의 관계를 일체 끊어버리고 싶은 생각이 있는 사람들만(이를테면 쫓기고 있는 범죄자 등에게) 관심이 있을 것이다. 이 세계를 살아가는 정상적인 마음의 인간에게 중요한 것은 어디까지나 지구 위에서 '물리적 원칙'으로서 미래나 과거의 인간으로 -꿈을 말하라면 자기가- 갈 수 있느냐 어떠냐고 하는 것이다.

우수 특수상대론의 결론에 따르면, 서로가 맹렬한 속도로 달려가고 있는 사람들 사이에서는 자기 쪽은 10년이나 세월이 흘러갔는데도 저쪽 사람은 5년밖에 경과하지 않았다는 일도 있을 수 있다. 이것은 실험적으로 뮤온(muon)이라는 소립자의 관측 등에서 밝혀진 사실이다. 즉 나와 당신이 같은 시간을 공유하는 관계가 아닐 수 있다는 것이다.

예를 들어 상훈이가 지상에 있고, 상범이가 로켓을 타고 맹렬한 속도로 출발했다고 하자. 출발했을 때 두 사람의 나이는 모두 20세였다. 그리고 상범이는 우주를 크게 돌아서 상훈이가 사는 곳까지 되돌아와서 정지했다. 과연 어떻게 되어 있었을까? 상훈이는 30세이고 상범이는 25세이다.

이 이야기에서 이따금 독자로부터 질문과 때로는 꾸지람을 받는 일이 있다. 두 사람의 관계는 '피장파장'이 아닌가. 상범이가 탄 로켓이 정지해 있다고 치고, 상훈이가 지구 채, 또는 태양계나 은하계를 모두 거느리고 반대방향으로 한 바퀴 돌아서 상범이에게로 되돌아왔다고 생각해도 얘기는 같지 않는가? 그것이 상대적이라고 하는 것일 테다. 그런데도 왜 상범이 쪽이 젊으냐?

이 불평은 당연하다. 그러나 피장파장이라는 것은 양쪽 모두 일정한 속도로 달려갈 경우에 대해서만 성립하는 사항이다. 속도가 바뀌는(이것을 가속이라 하고, 직선방향의 속도가 바뀌더라도, 또는 등속 원운동을 해도 속도의 방향이 바뀌므로 이것도 가속) 경우에는 피장파장이 아니라 일반상대론이라는 것을 생각해야 된다.

등속계보다도 가속계 쪽에-속도가 증대하건 감소하건, 어쨌든 속도 또는 속도의 방향이 변화하는 계 쪽으로-큰 g(중력)가 작용하고 시간의 경과는 느려진다. 이런 까닭으로 기지로 귀환한 상범이는 로켓이 차츰 속도를 높이고, 또 방향을 전환하고, 속도를 내린 그 가속도의 몫만큼, 처음부터 거기에 있었던 상훈이보다 젊다. 이것이 이른바 '립 반 윙클(Rip Van Winkle) [미국의 수필가이자 소설가인 어빙(W. Inving)의 『스케치북』 중의 한 편에 나오는 주인공. 사냥에 나가서 잠이 들었다가 깨어났더니 그동안에 세상은 20년이 지났더라는 이야기] 효과'이며, 후에 미국에서는 군용기를 사용하여 이것을 증명하고 있다. 동쪽으로 돌아가는 것에서는 원심력이 지구의 자전 때문에 원심력과 겹쳐져서 g가 작아지는 데 대해, 서쪽으로 돌아가는 것에서는 제트기의 운동과 지구의 자전이 상쇄하기 때문에 약간 g가 커져서, 양자 사이에 피코(p)초(1조분의 1초) 단위의 차이를 검출할 수 있었다고 한다. 물론 현실적인 생활 속에서 1조분의 1초 따위는 아무런 영향도 없겠

그림 1-3 | 히틀러 시대에는 물리학자 중에도 상대론을 의심하는 사람이 있었다.

지만, 그러나 동쪽으로 돌아가는 상훈이와 서쪽으로 돌아가는 상범이로서는 비행 전이나 비행 후에도 사이 좋게 생활하고 있는데도 불구하고, 상범이 쪽이 경과한 시간이 짧다. 즉, 그만큼 '노화'가 적다.

마찬가지로 공부와 운동을 한 셈이지만, 실제는 상범이 쪽이 공부나 운동을 한 양이 아주 근소하게 적었다는 것은 정말로 놀라워할 만한 일이다. 상대론 이전에는 생각조차 못했던 일이다. 설사 그 시간차가 아주 근소했다고 한들 경과 시간의 불일치는 물리학자보다도 철학자를 더 놀라게 했던 것이 아니었을까. 일반상대론에 의해 필연적으로 이끌어지는 이

그림 1-4 | 베를린의 장벽 구멍으로부터 동독 쪽을 들여다보는 베이커 미국 국무장관(1989.
12. 12), '이 시대에서는 동서로 갈라져 있었던 독일이……'

결과는, 1916년 이후의 어느 시기에는 독일과 그 밖의 유럽 여러 나라에
서 악마의 학설이다. '유태의 음모다'라고 퍼지기도 했다.

　히틀러 시대에는 물리학자 중에도 상대론을 의심한 사람이 있었으나,
그 후 여러 가지 실험으로 검증되기에 이르러, 20세기 말의 오늘에는 누
구에게나 무리 없이 받아들여지게 되었다. 이렇게 되자, 그것이 현실적으
로 가능한지 어떤지는 따로 하고, 자신이 로켓을 타고 크게 우주 공간을
선회하고 돌아오면, 몇 년 후의 세계로 돌아오는 것이 된다. 피코초 따위

의 작은 것을 따지지 않고, 이론상으로는 1년 앞이든, 10년 앞이든, 100
년 앞의 세계에도 도달할 수 있다. 이같이 가속이 가능한 단순한 로켓이
자신을 미래로 데려다주는 타임머신으로 된다.

인과율은 어떻게 되나?

그래서 미래로 가는 타임머신은 원리적으로는 우주론을 연구할 필요
도 없고, 초광속입자 타키온을 들고 나올 필요도 없다. 자기 또는 가족이
나 친구 등을 거느리고 로켓을 타고 크게 우회하여 귀환하기만 하면 된
다. 서기 3000년이든 1만 년이든 로켓의 가속만 크다면(그런 기술이 현실로
가능한지 어떤지는 따로 하고) 가고 싶은 미래로, 그리고 로켓을 적당히 조작
함으로써 지구 위의 자기 나라에 도달할 수가 있다. 다만 1만 년 후의 그
때까지 그 국가가 존재할지 어떨는지는 필자로서는 예언할 수가 없다.

타임머신에서 항상 문제가 되는 것은 인과율(因果律:원인이 있고, 그 때문
에 결과가 생긴다고 하는 당연한 규칙)이다. 과거로 여행하여 자기 조상을 살해
했다면, 그 순간에 자기 자신은 어떻게 될까하는 문제이다. 그런데 립 반
윙클 효과를 이용한 미래의 여행에서 인과율은 걱정하지 않아도 도니다.
자기는 이미-지구 위의 사람에게 말하라면 까마득한 과거에-로켓을 타고
자기 나라를 떠나 버렸다. 그러므로 거기에 옛날의 자기가 나타나도 아무
런 모순이 되지 않는다. 거기에 있는 사람들은 옛날 모습을 한 자기를 호

기심이 어린 눈으로 볼 것이다. 우주여행을 하고 온 자기는 "내가 살던 시대 독일이라는 나라는 동서로 갈라져 있었는데, 그게 합병됐다"라느니, "소련을 중심으로 한 공산주의가 페레스트로이카(perestroika:개혁)의 방향으로 나갔다"라느니 하고 말해 줄 수도 있을 것이다. 지구에 남아 있던 사람들은 "그런 건 역사책에서 배웠다"라고 대답할 것이다. "당신은 옛날 일을 견문했기 때문에 잘 알고 있을지 몰라도, 21세기에 어떤 일이 있었는지는 모를 것이오"하고 도리어 반격을 당할지도 모른다.

만일 미래의 세계로 갔을 경우, 출발 시에 자식들이 있었다면 당연히 자기 자손을 만나게 된다. 여기서 분쟁이라도 생겨 자기와 자손들 사이에 결투를 하게 되더라도 반드시 인과 관계에 모순이 생기는 것이 아니다. 죽은 자기 목숨은 그뿐이고 자손은 번영할 것이다. 자손이 죽으면 그 미래 이후의 자기 자손은 끊어지게 된다. 어쨌든 인간이 미래의 세계로 침입하더라도 특별히 '역사를 변동시키는' 따위의 사건은 일어날 수가 없다.

갈 때는 좋아도 올 때는 무섭다

인과율에 집착하는 사람은 여기서 이런 발상을 할지 모른다. 100년 앞의 미래로 여행해 보았더니 A씨 집안의 자손이 번영하고 있었다. 즉 A씨의 집안이 이어지고 있다는 것은 엄연한 사실이며, 눈으로 그것을 확인했다. 그것을 본 다음 현세(즉 출발 때의 세계)로 되돌아와서 좀(사실은 아주) 난폭한 방법이지만, A씨 집안의 일족을 모조리 죽여버린다면 어떻게 될까? 아니 굳이 현세로까지 돌아오지 않아도 된다. 현재로부터 한 50년쯤 앞 세계로 되돌아와서 A씨 집안을 몰살한다. 어쨌든 이렇게 하면 그 시점에서 A씨 집안은 대가 끊긴다. 그런데 100년 앞의 세계에서 A씨 일족은 확실히 번영하고 있었다. 이것은 모순이 아닌가……. 그렇다, 이것은 모순이다.

타임머신에 이와 같은 모순이 따라붙기 마련이지만, 립 반 윙클 효과에 뒷받침된 미래의 여행에 대해서는 모순이 생기지 않는다. 상범이가 타는 가속로켓으로 지구에 귀환했을 경우, 만약 그것이 100년 앞의 지구라면 이미 그 이전으로 복귀할 수는 없는 것이다. 상범이 자신 혹은 로켓의 승무원이야 나이를 먹지 않지만, 가령 귀환 때의 지구가 2100년이라면 그로부터 다시 2100년 이전의 세계로 되돌아갈 수는 없다. 2100년에는 확실히 상훈이는 죽고 없을 것이다. 다만 그의 자손이 증조부와 가까웠던 상범이를 맞이해줄 뿐이다. 그리고 이미 2100년 이전으로-어떠한 가속로켓을 사용하더라도-되돌아온다는 것은 불가능하다. 그러므로 A씨의 조상을 죽이기 위해 되돌아올 수는 없다. 이런 까닭으로 인과율은 건전하다.

립 반 윙클 효과란 이와 같이 꽤 알기 쉬운, 이치에 맞는 이야기이다. 늙은 사람이 젊어져서 젊은 여성과 결혼을 하고 싶다고 생각하더라도 두 사람이 동시에 젊어지기란 불가능한 일이다. 그러나 늙은 사람이 로켓을 타고, 여성이 늙기를 기다려서 노인끼리 결혼을 한다면 상관없다.

곤란한 과거로의 침입

가속로켓은 확실히 미래의 세계로 도달할 수 있으나, 독자가 원하는 타임머신은 좀더 융통성이 있는 것임이 틀림없다. 실험실 속에 있는 작은 마찻간 같은 모양의 장치 속에서 적당히 단추를 누르면 과거나 미래로 갈 수 있다고 하는 것이 웰스의 타임머신이다. 기계를 움직이는 데는 많은 에너지가 필요하고 단추 조작도 생각 같이 안 되는 듯하지만, 어쨌든 소설 속에 나오는 기계는 원칙적으로는 과거나 미래로 이동할 수가 있다. 기계가 고장이 나서 움직이지 않아 곤란했다……는 이야기를 섞어 줄거리를 재미있게 꾸며나가고 있지만, 무릇 타임머신이라고 한다면 가고 싶은 시대로 옮겨 갈 수 있는 것이 보통이다.

이상에서 살펴보았듯이, 인간이 미래에 여행을 하는 것은 일반 상대론으로 해결이 났다. 그렇다면 과거로 옮겨가는 것은 물리학에서는 생각할 수 없는 것일까?

첫째로, 앞에서 말한 립 반 윙클 효과를 역으로 사용하는 방법이 있다. 자기 혼자만 지구에 남고, 지금까지 살고 있던 사회 전체가 어떤 방법에 의해 크게 가속되어 돌아왔다고 생각하는 것이다. 지구 위의 자기는 나이를 먹고, 귀환한 사람들은 젊으며, 사회는 그다지 세월을 겪지 않았다. 그러므로 자기는 과거의 세계로 끼어들었다……고는 말할 수 없을 것이다. 요컨대 자기만 나이를 먹었다고 하는 것 외의 아무것도 아니다. 귀환한 사회도 결코 출발 때보다 과거로 거슬러 올라가 있지 않다. 이래서는 재미도 없고 도저히 타임머신이라고는 말할 수 없을 것이다.

우리가 타임머신에 기대하는 것은 과거 6.25시절, 광복 시절, 조선조 말기, 임진왜란 시대, 연산군 시대, 세종대왕 시대 등을 보는 것이다. 기계에서 내려서서 자신도 그 무렵을 경험해 보고 싶은 것이다. 그래야 진정 타임머신이라 불릴 만한 가치가 있다.

그러나 일반상대론에서의 립 반 윙클 효과를 아무리 이용해 보아도 과거로의 여행은 무리다. 가능한 것은 미래로 도달하는 과정의 시간을 늘리고 줄이는 것뿐이다. 종래의 상대론에 의존하는 한, 미래로의 이동은 가능하지만 과거로의 침입은 불가능하다. 그리고 과거로 끼어들지 않는 한 인과율의 모순도 일어나지 않는다.

꿈이 현실로?

픽션은 그렇다 치고, 과학적으로는 과거로의 여행이 꿈같은 이야기로 생각되고 있었다. 그런데 놀랍게도 1988년말 미국의 물리학자 킵 손 박사와 다른 두 사람의 연구자가 경이로운 주장을 발표했다. 그들에 따르면 원리적으로 과거로의 여행은 가능하다는 것이다.

픽션 비슷한 이야기라든가, 저널리스트가 쓴 읽을거리라면 몰라도 킵 손은 상대성이론의 제1인자다. 그리고 현재의 물리학에서도 가장 권위 있는 논문집으로 미국에서 발행되는 『피지컬 리뷰(Physical Review)』라는

그림 1-5 | 킵 손 박사의 논문을 속보한 기사(일본의 아사히신문 1988. 12. 5)

잡지가 있다. 이것의 속보판에 피지컬 리뷰 레터라는 것이 있는데, 여기에 과거 여행의 가능성에 대한 그의 논문이 실렸다.

솔직히 말해서 일반 물리학자는 타임머신 따위는 학문상으로는 신빙성이 없는 것이라고 생각하고 있으며, 공적 입장에서는 이 화제에 언급하기를 꺼려한다. 그런데 상대론의 권위자가 발표했다고 해서, 일본의 신문 등에서도 자그마하게 다루기는 했지만 이 사실을 소개하고 있다. 그러나 킵 손의 논문이 애매했는지, 기자가 이해하기 어려웠던 탓인지 신문기사 (1988년 12월 5일. 아사히, 요미우리 등)를 아무리 꼼꼼하게 읽어봐도, 솔직히 말해서 어떻게 과거로 갈 수 있는지 도무지 알 수가 없다.

나중에 텔레비전의 우주 프로에서도 그의 주장이 소개되었는데, 필자는 이것이 비디오로 떠서 몇 번이고 재생해 보았으나 그래도 잘 알 수가 없었다. 잘 모르기는 하지만 이럭저럭 앞뒤를 맞춰가며 생각해 본 바로는, 그가 말하려는 줄거리는 대강 다음과 같아 보였다.

웜홀을 사용하여

우주에는 웜홀(worm hole)이라는 것이 있어, 한쪽으로 들어가서 다른쪽으로 나온다. 사실은 그것이 어떤 것인지는 모르지만, 일설(一說)에는 블랙홀로 들어가 화이트홀로 빠져 나오는 터널이라는 말도 있다. 터널이라고는 하지만 산을 뚫은 것이나 해저에서 두 해안을 이은 것처럼 단순한것은 아니다. 거기서는 시간이나 공간이 극단으로 휘어져 있으며, 어쨌든상식적인 상상을 받아들이지 않는 '빠져 나가는 구멍'인 것이다.

그는 터널의 두 입구(한쪽을 입구라고 하면 다른 쪽은 출구가 될 것이다.) A와 B를 생각했다〈그림 1-6〉. A와 B란 양자론(量子論)적으로 생긴 극히 작은 구멍인데, 이것에 방대한 에너지를 부어넣음으로써 출입구를 크게 만든다. 구멍 부근 내지 그 중심부에는 통과하는 데에 장애가 될 만한 점(수학에서는 이것을 특이점이라 한다)이 없는 것으로 생각한다.

그런데 문제의 인간은 구멍B 가까이에 살고 있다고 하자. 그리고 다른

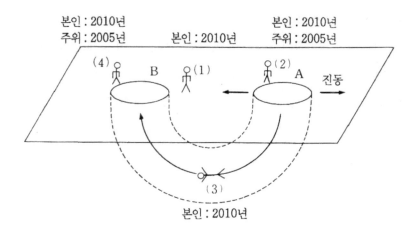

본인 : 2010년
주위 : 2005년

본인 : 2010년

본인 : 2010년
주위 : 2005년

(4) B

(1)

(2) A 진동

(3)

본인 : 2010년

그림 1-6 | 킵 손 박사의 해설도

쪽 구멍A를 진동시킨다. 진동은 가장 간단한 가속운동이므로 A의 시간은 B에 비해 늦어지고, 그 때문에 시각은 점점 늦어진다. B부근이 2010년이 되어도 A부근에서는 2005년일지도 모른다. 그리고 이 사람은 되도록 빨리 외부를 통해서 B로부터 A로 간다. 이 사람의 세계는 즉시 2005년이 되어버린다. 그러나 여기서 즉시 과거의 세계로 옮겨갔다고 말해서는 안 된다. A와 B는 어디까지나 다른 지점(세계)이기 때문이다. 서울과 대전처럼 KTX로 금방 갈 수 있다거나, 전화가 즉시 통한다는 따위의 관계에 있지 않기 때문이다. B와 A는 딴 세계로 생각하지 않으면 안 된다.

그런데 킵 손에 따르면 2005년의 A로 온 사람의 웜홀의 A로 뛰어든다. 그리고 반대쪽의 B로 뛰어나간다. 웜홀의 통과에는 소요 시간이라는 것이 없다. 때문에 뛰어든 시간이 나간 순간이다. 따라서 구멍을 빠져 나간 당사자의 주위는 A와 같아서 2005년, 장소는 출발 지점인 B다. B야말로 그의 고향이며, 고향을 뒤로 한 것이 2010년, 다시 고향에 나타난 것이 2005년. 이것으로 그는 과거로 여행한 것이 된다.

지금까지의 상대론에서는 과거로의 이동은 불가능했으나, 그는 웜홀의 도움을 얻어 이 불가사의한 여행을 가능하게 했다. 이 터널로 들어가는 시각과 나오는 시각이 완전히 같다고 하는 것이 그의 이론의 핵심으로 되어 있다. 이상이 피지컬 리뷰 레터에 실린 논문의 골자이다.

하지만 위의 이야기를 듣고 독자 여러분은 '과연……'하고 만족을 얻을 수 있을까. 무언가 알 듯, 모를 듯, 또는 도무지 무슨 뜻인지 알쏭달쏭하다는 사람도 있지 않을까. 그래서 킵 손의 이야기를 다른 이해하기 쉬운 예로 바꾸어 보기로 하자.

웜홀의 불가사의

웜홀 A라느니 B라고 하지 말고, 처음부터 정지해 있는 B를 지구, 그리고 A부근을 로켓이라고 하자. 즉 지구 위에 사람이 있고, 이 사람이 무인 로켓(친구나 가족을 태운 유인 로켓이라도 상관없다)을 띄웠다고 하자. 로켓은 크게 가속하여 지구로 귀환하도록 원격 조정한다-차라리 처음부터 키를 그렇게 설정해 둔다. 이것을 2000년에 했다고 하면 귀환 때에 지구는

2010년, 로켓 안은 2005년이 되는 셈이다. 별것 아니다. 지금까지 설명해 온 립 반 윙클 효과이다.

그러나 그 뒤가 다르다. 지구 위에 있는 사람이(앞으로는 지구 위를 간단히 한국이라 부르기로 하다) 귀환한 로켓 속으로 들어가는 것으로 한다. 거기는 2005년의 세계이며 식물도 동물도 출발한 때로부터 5년밖에 경과하지 않았다. 이것은 몇 번이나 말하듯이 일반상대론의 귀결이다.

그리고 이 사람이 다시 로켓의 문을 열고 바깥으로 나왔더니, 거기는 2010년의 한국으로 아무 흥미도 신선함도 없다. 그래서 킵손은 로켓과 지구 위의 한국(한국이 아니고 우주의 다른 장소라도 상관없다)이 '문짝'이 아닌 웜홀로 결합되어 있다고 하는 모형을 착상했다. 립 반 윙클 효과에서 말하는 초고속 로켓의 내부가 사실은 웜홀의 한쪽 출입구로 이어지고, 그 웜홀의 다른 한쪽 출입구가 한국(한국인지 어딘지, 여하튼 과거로 가고 싶은 사람이 정지해 있는 장소)에 이어져 있다고 가정한 것이다.

그리하여 2005년의 로켓 안으로 (문짝을 열고) 들어간 사람은 이번에는 로켓의 문짝을 여는 일 없이 웜홀을 통해서 한국에 나타난다고 했다. 웜홀을 통과하는 중에 시간의 경과는 없다. 그 출구는 구멍의 입구와 마찬가지로 2005년이며, 결국 이 사람은 2010년의 한국으로부터 로켓과 구멍을 통과함으로써 2005년의 한국에 나타나는 것으로 된다. 킵 손의 논문을 그대로 소개하면 이상과 같다.

여기서 독자는 다음과 같은 의문을 가질 것이다. 웜홀의 한쪽인 한국 쪽은 2010년, 로켓 쪽은 2005년, 그렇다면 구멍 속은 몇 년일까? 그러나

(웜홀을 빠져 나가자 2005년이었다.)

이 구멍은 시간, 공간을 극한까지 응축시킨 것으로서, 그 내부의 시각이라든가 구멍의 길이가 얼마냐는 등의 상식적인 의미는 전혀 무의미한 것이다. 앞에서도 말했듯이 통상 감각의 터널 등을 생각해서는 안 된다.

(웜홀을 빠져 나가자 2005년이었다.)

안 된다고는 하지만, 구멍의 출입구의 한쪽이 2005년이고 다른 쪽이 2010년, 그리고 로켓의 2005년 쪽으로부터 들어가서 다른 쪽으로 빠져 나왔더니 거기는 2005년이었다고 하는 것이 그의 결론이었다. 그렇다면 가령, 2010년의 한국 쪽으로부터 구멍으로 들어가서 로켓 안을 빠져 나왔다고 한다면, 거기서의 시각은 어떻게 되어 있을까? 2005년일까 아니면 2010년일까?

이 질문이 곧 머리에 떠오르는 사람은 매우 예리하다. 그 해답은 2010년 쪽의 한국으로부터 구멍을 통과하여 로켓으로 들어가면 2010년의 로켓 안으로 나가는 것이다. 항상 구멍으로 들어가는 시각과 나오는 시각은 같은 것이다. 구멍의 한쪽이 가속되어 출구와 입구의 시각이 서로 어긋나더라도 들어가는 시각이 나오는 시각으로 되어 있다고 하는 불가사의한 구멍이 웜홀이다. 이 경우의 시각이란 로켓이 가속하기 이전에 서로 정지해 있던 때부터 측정한 시간을 말한다.

그러므로 이야기를 처음으로 되돌려서, 로켓은 가속운동을 해 왔기 때문에 그 내부가 2005년이고 한국에 있는 사람은 2010년인 것이다. 여기서 앞의 이야기와는 달리, 문짝이 아니고 웜홀을 통해서 로켓으로 들어가면 어떻게 되는가? 당연히 2010년의 로켓 안에 나타나고, 로켓으로서는 미래(?)의 세계에 출현하는 셈이 된다.

한국에 정지해 있던 사람이 문짝을 열고 로켓으로 들어가면 안은 2005년이고, 웜홀을 통과하면 안은 2010년, 그 차의 5년(즉 2006년도나 2007년 등)은 도대체 어디로 사라져버렸느냐, 하고 소동을 벌여본들 어쩔 방법이 없다. 웜홀이란 그와 같은 불가사의한 구멍이라고 해석하는 수밖에 없는 것이다.

아무도 풀지 못하는 어려운 문제

여기서 독자 여러분이 기대하고 있는 최대의 질문, 아니 어려운 문제에 부딪친다. 2010년까지 한국에서 지낸 사람이 2005년의 한국에 출현할지도 모른다고 하는 것이 피지컬 리뷰 레터의 논문이다. 그렇다면 사람은 5년 전의 자기와 만나는 것이 된다.

"아, 나의 5년 전의 모습은 저렇군. 젊기도 하군. 그러나 좀 유치한데" 하고 감탄하면서 바라보는 것은 그래도 괜찮다. 인간에게는 자기혐오라는 경향이 있어 "내 모습을 곁에서 본다는 것은 도저히 참을 수 없군!" 하고 칼로 푹 찔러버린다면 어떻게 될까?

이것이 타임머신으로 과거로 여행할 때 맞닥뜨리는 가장 어려운 과제이다. 아무리 생각해도 모순은 피할 수가 없다. SF작가마저도 골치를 썩히는 문제다. 그렇다면 킵 손의 논문에는 어떻게 쓰여 있을까?

유감스럽지만 아무것도 쓰지 않았다. 인간이 통과할 수 있는 웜홀을 전혀 말이 안 되는 것은 아니라고 하면서도 이 인과율의 파괴에 대해서는 한마디도 언급하고 있지 않다. 언급하지 않은 것이 당연할 것이라고 필자는 생각한다. 아무리 머리가 명석한 물리학자, 철학자, 사상가라도 대답할 수가 없을 것이다. 어린 시절의 자기, 또는 자기 조상을 죽인다면, 현재의 자기는 어떻게 되는지를 가르쳐 달라고 바라는 것은 무리다. 없는 것을 내놓으라는 억지와도 같다. 보름달을 잡아 달라고 우는 아이와 같다.

이와 같이 타임머신의 문제에서는 '과거로 여행하여 어린 시절의 자기를 죽인다면 어떻게 되느냐'가 늘 모순으로서 지적되지만, 자기는 항상 '시간을 여행하는 사람'이라고 생각해버리는 것은 일방적이다.

여행하는 사람, 즉 과거에 머물러 있는 사람도 또 '자기'다. 여행하는 쪽의 자기는, 저것이 어린 시절의 자기구나 하고 금방 알아채지만, 어린 시절의 자기 쪽은 늙은(또는 어른이 된) 본인이 왔다고는 설마 생각하지 않을 것이다. 왜냐하면 어린 시절의 자기는 타임머신 따위는 전혀 알지 못하며, 몇 년 후의 자기가 거기에 나타났다는 것은 꿈에도 생각하지 않기 때문이다.

타임머신을 픽션으로서 쓸 경우, 항상 자기를 제1인칭(또는 주인공으로)으로 하고 있다. 그러므로 거기에 있는 아이인 자기는 객체(대상물)일 뿐이다. '어린 시절은 귀여웠구나' 하고 회상하는 것은 자유이지만, 그래서는 좀 공평하지 못하지 않을까?

두 사람의 자기가 그 장면에 등장해 있는 셈이며, 생각하는 자기의 육체는 동시에 둘이 있다. 영혼은 그 어느 쪽에도 깃들어 있지 않으면 안 된

(어느 쪽의 눈도 자기 자신이다!?)

다. 물론 나이를 먹으므로 기호, 판단력, 그 밖의 것은 변화하겠지만, 인간의 본질은 -기억 상실이 되지 않는 한- 그렇게 바뀌는 것은 아니다. 그러므로 영혼은 두 사람의 몸에 깃들어서 언동이나 그 밖의 것을 컨트롤한다고 하는 참으로 이상한 사태가 된다.

그래서 자기인 어른과 아이가 서로 스쳐갈 때, 자기는 어느 편 쪽 눈으로 상대를 보는 것일까? 이치로 따지면 어느 쪽도 다 자기이고, 가령 "안녕하세요" 하고 인사라도 할라치면 이것은 혼잣말에 속할지 모른다. 어른 쪽이 논리 체계를 연구하려고 아이를 죽인다고 한다면, 결국은 자기 자신을 찌르는 것이 되므로 이것은 자살일는지 모른다. 심정적으로는 자살이지만 찌른 사람은 그 순간 어떻게 될까? 자기의 어린 시절에 죽임을 당했다는 사실이 발생했기 때문에 휙 하니 사라져버리는 것일까? 또 다시 앞서의 모순과 부딪쳤다.

다만, 아이가 어른을 찌른다면 그 순간에는 아무 일도 일어나지 않는다. 나중에는 그 아이가 죽임을 당하는 운명을 걸머쥐게 되지만……. 그러나 현장을 누구에게 들킨다면 살인죄로 검거되고 투옥될 것이고, 그 사람의 일생은 전과는 두드러지게 달라져 버릴 것이다.

(어느 쪽의 눈도 자기 자신이다!?)

이런 식으로, 가령 사람이 과거로 갈 수 있다고 한다면 인과관계는 뒤죽박죽이 된다. 그와 동시에 자기의 어린 시절로 돌아가면, 두 사람의 육체 속에 자기의 영혼이 있으므로 1인 2역(?) 비슷하게 되어, 결국은 무엇이 무엇인지 모르게 된다. 다만 타임머신의 이야기도 이동하는 자기만을 문제로 삼을 뿐 1인 2역에까지 언급한 예는 별로 들어보지 못했다. 너무도 일이 번거로워지고, 독자의 머리가 혼란해지는 것이 두려워서일 것이다. 픽션이건 넌픽션이건 간에 쓸데없이 일을 복잡하게 만드는 것은 좋지 않다. 지나치게 이론적인 것은 독자가 가까이하려 들지 않는다. 되도록 간단한 설정으로 사물을 생각하는 것이 바람직하다.

남에게 의지하여 과거로 세계로

또 하나, 킵 손의 이론이 완전한 타임머신이 되지 못하는 것은, 자기의 과거로는 갈 수 있어도 탄생 이전(사물을 분별하는 힘이 붙기 전이라고 하는 것이 적당할까?)으로까지는 거슬러 올라갈 수 없다는 점이다. 그의 연구에서는 자기의 의지로써 이웃의 구멍A를 진동시키고, 또는 립 반 윙클 효과에 비유하면 자기 의지에 의해서 로켓을 출발시키는 셈이다. 구멍A 부근, 즉 로켓의 내부에서는 한국에 있는 자기보다는 '시간'의 경과는 느리지만, 시간이 후퇴하는 것은 아니다. 그러므로 자기가 구멍A 부근, 즉 로켓 속으로 들어가 웜홀을 거쳐 한국으로 돌아오더라도, 그것은 반드시 구멍A의 진동 개시 후, 또는 로켓 발사 후의 한국이다. 따라서 어린 시절의 자기가 태어나기 전의 한국으로 여행한다는 것은 불가능하다.

그러면 킵 손의 사고에서는 H. G. 웰스식의 타임머신은 실현할 수 없는 것일까? 자기는 기억력이 좋기 때문에 어린 시절의 일은 잘 기억하고 있으므로 그 시대는 아무래도 좋다. 더 옛날, 임진왜란 때의 전쟁을 보고 싶다, 연산군 시대의 연산군의 행패를 보고 싶다, 세종대왕 시대의 한글 창제의 현장을 찬찬히 엿보고 싶다……는 사람에게는 설사 킵 손의 이론 대로 일이 진행되었다고 하더라도 무리한 주문일까?

물론 그는 거기까지는 언급하고 있지 않지만, 이것은 반드시 불가능한 일은 아니다. 웜홀의 구멍A를 자기가 태어나기 훨씬 이전으로 누가 진동시켜 두면 된다. 태곳적에 머리가 좋은 사람이 있어서 가속로켓을 띄워주고 있었다는 것도 생각할 수 있다(가당찮은 소망이라도 가능한 일은 자꾸 생각해 보자). 태곳적부터 진동시키고 있는 구멍A 또는 로켓 속으로 들어가 웜홀을 통과하여 한국으로 나오면, 광복 시절, 조선조 시대 나아가서는 그 이전 시대로 자기의 몸이 이동하는 것으로 된다. 자기가 과거로 갔으면 하고 생각하고, 그 '의지'에 의해 옛날로 가는 여행기를 만든 것은 아니지만, 다소는 남의(즉 오래 오래 전부터 구멍이나 로켓을 움직이고 있었던 사람의) 힘을 빌리는 것은 어쩔 수 없는 일이다. 그것밖에는 생전의 과거로 여행할 방법이 없으니까 말이다.

반대로, 현재 기술의 정수를 모아 굉장한 가속도를 지니는 로켓을 발사하여 100년 후, 200년 후에 태어날 사람들에게 임대하는 방법이 있다. 그것으로 돈을 벌 수는 없을까……하고 실없는 생각도 하게 되는데 어떨는지. 아무리 기를 쓴들 인간은 100년을 채 살지 못하니까 '그런 헛된 꿈'을 하고 말할지 모르나 그렇지도 않다. 자기가 그 로켓을 타고 로켓 시간으로 5년쯤, 크게 가속하여 돌아와 문짝으로부터 바깥으로 나오는 것이다. 그때의 한국은(만약 한국이 있다고 가정한 이야기지만) 정지 상태에서 시간이 자꾸 진행하고 있으므로 2,200년.

"자, 오세요, 오세요. 2,000년 당시의 옛날로 가고 싶은 사람은 이 로켓을 타세요. 대금은 단돈 100만 원! 타신 분은 속에 있는 이 구멍으로 뛰어들어서……. 어떻습니까. 옛날의 한국도 꽤나 좋았답니다."

하기야 이런 일로 돈을 벌기보다는 자기가 로켓을 조종하여 웜홀을 빠져 나가서 시간의 흐름 속을 여행하는 편이 훨씬 더 재미 있을 것이다.

2장

시간이 멎는다

2
시간이 멎는다

우주의 구멍은 꽃이 만발

우주 공간의 구조가 문제로 될 때 가장 흥미를 끄는 것의 하나가 블랙홀이다. 그리고 현재는 화이트홀, 웜홀 등이 책이나 잡지에서 해설되고, 이것이 우주전함 야마토의 워프(warp)와 같은 SF와 결부되어 크게 호기심을 유발하고 있다.

또 1970년대가 되어 호킹 등의 연구에 의해 작은 미니 블랙홀이 우주의 창성기에 수많이 형성되었다는 것이 제창되었고, 더욱이 그것이 양자역학(量子力學)의 원리에 따라서 증발한다는 것이 제시되었다. 블랙홀에서 시작되는 우주 일원의 '홀' 무리는 꽃이 만발한 듯한 느낌이 있는데, 통상의 블랙홀(태양보다 꽤 큰 별이 수축하여 스스로 블랙홀이 된 것)이 제창된 것은 일반상대론이 나온 직후이다.

뒤에서 설명하는 독일의 천문학자 슈바르츠쉴트(Karl Schwarzshild)는 제1차 대전 중 러시아 전선에 종군하여, 참호 속에서 아인슈타인의 식을 풀고 매우 흥미진진한 해석을 발견했다.

그것에 따르면, 빛도 다른 물질과 마찬가지로 중력 때문에 휘어진

그림 2-1 | 제1차 세계대전의 독일군 참호. 슈바르츠쉴트도 이 병사 중의 한 사람이었다.

다. 다만, 그 휘어지는 방향이 매우 작기 때문에, 나중에(1919년) 에딩턴
(Arthur Stanley Eddington)이 일식을 이용하여 별의 위치를 측정한 것과
같은 치밀한 실험을 하지 않으면 그 휘어짐을 볼 수가 없다. 그렇지만 만
일 태양보다도 훨씬 무거운(정확하게 말하면 질량이 큰) 별이 있다면 빛은 크
게 휘어지게 된다.

　별이라든가 천체라고 말하기보다 일반상대론식으로 말하면, 공간이

큰 중력장(重力場)이라면 빛은 중력의 방향을 따라 휘어지는 것이다. 중력장(이것을 g로 나타낸다)은 질량이 클수록 커지는데, 천체 표면에서의 중력장의 값은 천체의 표면과 중심과의 거리가 짧을수록 효과가 크다. 즉 작기는 하지만 훨씬 질량이 크다-따라서 밀도가 큰 별일수록 빛을 흡수하기 쉽다. 이런 까닭으로 가령 극단적으로 중력의 값이 큰 별이 있다면 그것은 빛을 삼켜버릴 것이다. 당연히 빛 이외의 모든 것도 그 속으로 떨어져 들어간다. 반대로 거기서부터는 아무것도 나오지 못한다. 우리는 여기서 어떤 정보도 얻을 수가 없다.

슈바르츠쉴트는 일반상대론의 해석에 이와 같은 특수한 것이 있다는 것을 러시아의 전선에서 아인슈타인에게 편지로 알렸다. 1916년의 일이었으나 불행하게도 그는 그 직후인 그 해 5월 2일에 포츠담으로 돌아와 그 곳의 병원에서 죽었다.

당신의 아인슈타인은 그 해석에 그다지 흥미를 보이지 않았다고 한다. 확실히 별이 거의 한 점으로 뭉쳐져 버리면 그 주위는 강력한 중력장으로 된다. 이때 빛도 나올 수 없는 구(球)의 반경을 후에 슈바르트쉴트의 반경이라 부르게 되었다. 그 실제의 길이는 태양 정도 질량의 별에서 2.95㎞, 지구와 같은 작은 것에서는 8.88㎜이다. 태양이나 지구가 이 값보다 작은 천체라면, 확실히 슈바르츠쉴트가 지적하듯이 이상야릇한 천체가 출현하게 되지만, 아이슈타인도 그 밖의 물리학자나 천문학자도 그 당시는 있을 수 없는 이야기라고 생각했던 것이 아닐까? 수학적인 귀결은 그 존재를 인정하더라도 실제로는 너무도 비현실적(비물리적)이라고 생각했을 것이다.

물리학의 진보 과정을 살펴보면, 블랙홀뿐만 아니라 수학적으로는 진실이더라도 정말로 그럴까 하고 갈피를 못 잡는 예가 허다하다. 현재도 이같은 문제는 최신 물리학에 숱하게 많다.

이상한 지평선

이야기를 제1차 대전 직후쯤으로 되돌리자. 슈바르츠쉴트의 해(解)는 나왔으나 아직 블랙홀이라는 이름은 없었다. 다만, 슈바르츠쉴트의 반경은 정확하게 계산되어 있었다. 천체의 질량과 만유인력 상수, 그것에 광속도를 사용하여 그 반경은 간단히 얻어진다.

물론 그 무렵에 제창된 블랙홀(에 해당하는 것)의 모형은 극히 간단한 것이었다. 슈바르츠쉴트 반경의 약간 외부에 발광원이 있으며, 빛의 대부분은 블랙홀로 빨려들지만 일부는 바깥쪽으로 달려 나갈 수가 있다. 그러나 반경보다 안쪽에 있는 빛은 절대로 바깥으로 나가지 못한다. 그렇다고 하면 우리가 반경의 내부를 알기란 아주 불가능하다. 즉 밀도가 큰 질량은 유한한 부피의 구상(球狀)을 이루고 있는지 아니면 그 질량이 중심의 한 점에 있는지는 알 수가 없다. 그러나 적어도 수학적으로는 중심부에 질량이 집중해 있다고 생각해도 된다. 중심이라는 한 점에 질량이 뭉쳐져 있기 때문에 여기에서의 밀도는 무한대가 되는 것이다. 원래 무한대라는 따위의 개념은 수학으로서도 매우 이례적인 것이므로 이것을 특이점이라 부르기로 한다.

흔히 블랙홀의 이야기에서 특이점이라는 말이 나오는데, 간단하게는 1/이라는 분수로서 가 제로(0)로 되는 것과 같은 점이라고 생각하면 될 것이다. 본래 자연계에는 무한대라는 따위의 양은 있을 리가 없다. 수학적인 불완전성에서 오는 것인지 아니면 우주 어딘가가 정말로 그런 기묘한 점으로 되어 있는지는 잘 모르지만, 어쨌든 특이점이라는 것은 지극히 묘한 점이라고 생각해 두기 바란다.

슈바르츠쉴트의 반경 내부에 대해서 우리는 아무것도 모른다. 그 때문에 일단은 중심에 특이점이 존재한다고 해석하기로 하자.

그러면 블랙홀로 자꾸 접근해 가는 로켓이 있다고 하자. 우리는 그것을 멀리서 관측하고 있다. 그 중력장은 반경이 그리는 구면의 바깥쪽으로부터 접근함에 따라 자꾸 커진다. 중력장이 큰 장소에 있는 시계는 측정자의 시계와 비교하면 꽤나 느리다. 시계뿐만 아니라 로켓의 속도도 느려지고, 내부 사람들의 동작이나 나이를 먹는 방법도 완만해지는 것이다. 그렇게 하여 슈바르츠쉴트의 반경에 도달하면 관측자의 눈앞에서 모든 움직임이 멎어버린다. 로켓도 사람도 이제는 움직이지 않으며, 나이도 먹지 않는다는 장소가 슈바르츠쉴트의 반경 위의 점인 것이다. 지금까지 과거로부터 미래로 쉬지 않고 움직이고 있었던 시간이 여기에서는 정지하는 것이 된다.

이 때문에 슈바르츠쉴트의 반경으로 구성된 구면을 사상(事象)의 지평선(또는 지평면)이라고 한다.

한편, 달려가고 있는 로켓에 탄 사람은 사상의 지평선을 지나쳐서 블랙

사상의 지평선에서 로켓이 크게 붐비고 있다

홀의 내부로 자꾸만 침입해 간다. 이와 같은 외부의 사람에게는 로켓은 정지, 로켓 안의 사람에게는(강한 중력으로 로켓이 찌그러지는 따위의 일은 생각하지 않기로 하고) 자꾸만 진행이 가능하다는 것은 도무지 이해가 안 된다. 이상하다. 그러나 이 이상한 점은 상대론이라고 생각하지 않으면 안 된다.

바깥쪽 사람은 사상의 지평선 뒤에서 잇따라 오는 로켓이 모두 꽉 밀려 있다고 생각한다. 로켓 안의 사람은 밀리는 일 따위는 조금도 없고, 흐름은 원활하다고 생각하고 있다. 주장이 다르지 않느냐고 생각하는 사람이 있을지 모르나, 외부의 사람에게는 '밀려 있는' 것이 유일한 정보이다. 승무원이 아무리 원활하다고 외친들 그 소리는 반경 외부의 사람에게는 다다르지 않는다.

이와 같은 상대론적 모순은 그 밖에도 여러 가지가 있다.

우주는 넓으며 최대 망원경을 사용하면 100억 광년의 저편까지 보인다고 해석되고 있다. 그런데 그 쪽 방향으로 초고속 로켓을 달려가게 하고, 가령 그 속도를 광속에 가깝게 하면 어떻게 될까? 외부 사람이 로켓을 보면 그 선체는 수축되어 있다. 이것은 아인슈타인이 초기에 발표한 특수 상대론이 가리키는 그대로다.

반대로 로켓의 내부 사람으로부터 보면, 외부의 경치가 자기의 진행방향을 따라가면서 수축하고 있다. 가령 로켓의 속도를 아주 광속에 가깝게 했다고 하면, 이른바 로렌츠 수축에 의해 경치는 앞뒤로 훨씬 더 수축한다. 10만 광년도 1억 광년도, 아니 100억 광년 앞의 천체도 바로 자기 눈앞에 있게 된다. 우주 전체가 한 방향으로 쭉 오므라들고 납작한 것으로 되는 것이 아닐까?

10만 광년 앞의 별로 가는 데는 아무리 빠른 로켓이라도 10만 년 이상이 걸리고, 1억 광년 앞의 천체로 가는 데는 1억 년 이상의 시간을 필요로 한다는 것은 정말일까? 빠르게 달려가면 거리가 수축된다는 사실에 의해서 더욱더 빠르게 먼 별로까지 갈 수는 없을까?

또는 더욱 극단적으로 말하면 빛은 당연히 광속도로 달려간다. 가령 그 빛의 입자에 우리의 눈이 달려 있었다고 하면(광자보다 큰 눈이 달리기는 불가능하다고 한다면, 빛에 거리를 인식하는 영혼이 있다고 한다면), 로렌츠 수축에 의해서 그렇게 광대한 우주도 납작해질 것이다.

꽤나 기묘한 이야기여서 도무지 생각하기 어려운 일이지만 달리 해석할 방법이 없다. 이것에 비하면 한쪽은 밀리고 붐벼서 정지 상태이고, 다른 한쪽은 원활한 흐름으로 되는 지평선의 모순은 그래도 나은 편이 아닐까? 다만, '광자에 눈이 달렸다면'은 특수상대론의 극한 상태이고, '지평선에서 스톱'은 일반상대론으로부터의 귀결이기는 하지만……

시간과 공간이 뒤바뀌어 들어간다

이야기를 되돌려서 사상의 지평선을 넘어 침입해 간 로켓의 입장을 생각해 보자. 이 로켓은 만약 지평선을 수직으로 횡단했다면 그대로 곧장 중심부로 달려가고, 비스듬히 침입했다면 나선을 그리면서 중심으로 빠져든다. 어쨌든 지평선을 어떤 각도로 횡단했느냐에 따라 그 후의 진로가 결정되어 버린다. 오직 중심부로 끌려서 달려갈 뿐이다.

이야기를 비약하는 것 같지만, 현재의 우리가 시간과 공간에 대해 어떠한 입장에 있는가를 생각해 보기로 하자. 우리는 공간에서 원칙적으로 가고 싶은 곳으로 이동할 수 있으나, 시간은 과거로부터 미래로 자기 의지와는 관계없이 진행하고 있다. 이것을 블랙홀 속으로 들어가 버린 로켓과 비교해 보자.

한번 블랙홀 속으로 들어가면 절대로 되돌아올 수는 없다. 그렇기는커녕 중심의 특이점을 목표로 진행 경로가 딱 정해져 버린다. 마치 보통의 공간에서의 '시간'처럼 구 안의 경로가 결정되어 버리는 것이다. 자기 발자국은 시계의 바늘과 같은 것으로서 하늘로부터 주어지는 그대로 나아갈 수밖에 없다. 따라서 사상의 지평선 저편에서는 시간과 공간이 역전된다고 말하고 있다. 슈바르츠쉴트의 해석은 이것을 수식으로 나타내고 있다.

여러 가지 블랙홀

일반상대론의 식을 해석하여 공간에 부분적으로 상상 외의 것이(즉 후에 제창된 블랙홀이) 존재한다는 것은, 오히려 수학적 흥미로서, 그 후 몇 사람에 의해 조사되었다. 완전한 구형을 가정하는 것은 아무래도 일반성이 없다고 하여 독일의 헤르만 베일(Claus Hugo Hermann Weyl, 1885~1955)

은 편평한 모양의 지평면의 영역으로 확정했다.

또 1963년에 뉴질랜드의 수학자 로이 커(Roy Kerr, 1934~)는 블랙홀이 회전하고 있는 경우의 해석을 얻었다. 앞에서도 말했지만 아이슈타인의 식은 블랙홀의 존재를 예언하고 있기는 하나, 그것이 정지해 있는 것인지 어떤지는 식을 해석하는 인간이 조건으로서 자유로이 생각해 주는 것이다. 그리고 블랙홀은 바다의 소용돌이나 태풍의 눈처럼 회전하고 있는 것이 일반적이 아니냐고 커는 제안했다.

공중에 친 안테나선 속을 전기가 진동할 때 전파가 발신된다. 전하에 의해 만들어진 전계가 전하의 빠른 운동을 따라가지 못하기 −전계가 남겨진다− 때문에 이런 현상이 일어나는 것으로 생각해도 된다. 이것과 마찬가지로 생각해서 중력원이 뱅글뱅글 돌아가면, 그것은 중력을 질질 끌어가는 모양이 되고 회전방향(구의 저번 방향)의 성분도 지니게 된다. 또 특이점도 슈바르츠쉴트 구의 적도에 해당하는 곳에 링 모양으로 형성된다고 하는 복잡한 것이 된다. 미국의 물리학자 존 휠러(John Aarchibald wheeler, 1911~2008)에 의해서 블랙홀이라고 명명된 것도 이 무렵이다. 그때까지는 아이슈타인의 식을 해석하여 얻어지는 특수 해석이라는 범위를 벗어나지 못했다. 표현은 좋지 못하지만 그때까지는 수학적인 장난감에 지나지 않았는데, 회전이 판명되는 무렵부터 블랙홀은 '예사로운 것이 아니다'라고 인식되어, 이것에 대한 연구가 다시 활발해졌다. 그 후 노이만(Johann von Neumann, 1903~1957)이나 일본의 도미마쓰(富松彰) 씨와 사토(左藤文隆) 씨 등이 회전하는 복잡한 블랙홀의 해석을 얻어, 이것은 일본인에 의한 것이라고 하여 두 사람 이름의 머리글자를 따서 TS해(解)라 부르고 있다.

블랙홀은 확실히 회전하면서 각운동량(角運動量)을 갖고 있으나, 그 밖에도 무엇인가 고유의 성질을 갖추고 있을까? 이것도 많은 전문가에 의해 조사되었다. 예를 들어 지구라면 육지가 있고, 바다가 있고, 대기가 있고, 그 표면은 한난(寒暖)의 차이가 있는 등 변화가 많다. 달 표면만 해도 사막이 있고, 크레이터가 있어 복잡한 양상을 보여준다. 그런데 블랙홀은 아무 정보도 얻을 수 없는 캄캄한 구슬(?)이다. 그에 부속된 성질은 질량과 전하와 위에서 말한 각운동량, 세 가지밖에 없다. 그 밖의 특징으로써 블랙홀 A는 여차여차이고, B는 이러이러하다는 등의 구별은 안 된다.

블랙홀의 무미건조함을 가리키는 것 같은 이야기이지만, 이것을 블랙홀에는 세 가닥의 털(정보)밖에 없다고 말하기도 한다. 혹은 너무도 정보가 없다는 데서 블랙홀에는 털이 없다고 잘라 말하는 사람도 있다. 저렇게도 큰 블랙홀에 대해 우리가 알 수 있는 것이라고는 한 개의 소립자에 대한 지식과 같은 정보의 것이다.

털이 없다는 것은 그렇다 치고, 현실감을 띤 블랙홀은 천문대의 기능을 동원하여 현실의 우주 공간 속에서 탐색되게 되었다. 실제로 꽤 많은 수가 있는 듯하다가 말해지고 있는데, 특히 백조자리의 목 부분에 해당하는 근처의 X-1이 유명하다. 또 은하계의 중심부에도 큰 블랙홀이 있는 것이 아닌가 하고 말하고 있다.

어째서 블랙홀이 보이는가?

보이지 않는 블랙홀이 어떻게 해서 지구에서 관측되느냐고 하는 것이 문제인데, 특히 회전하는 중력장에 끌려드는 수소가스나 천체 자체는 사상의 지평선에 다다르기 전에 크게 휘둘러진다. 역학적으로 말하면 강하게 가속되는 것이 되어 그때 빛보다 더 파장이 짧은 전자기파, 이른바 X선을 방출한다. 즉 이 X선은 블랙홀로 떨어지는 물체가 마지막으로 몸부림치는 흔적인 것이다.

천문대라고 하지만, 요즘의 그것은 광학적 망원경뿐만 아니라 파라볼라 안테나를 배열한 전파망원경을 사용하여 우주로부터 오는 X선을 측정한다. 일본에서는 노베야마(野邊山)의 것이 유명하며, 미국의 뉴멕시코 주에 있는 VLA(거대 전파간섭계)는 9기씩 대형 파라볼라를 방사형으로 3개를 배열(따라서 모두 27기)하여, 우주 저편에서 오는 X선을 측정하여 우주 공간에서 일어나고 있는 대자연의 활동을 관찰하고 있다.

하지만 전파망원경 단독으로 있는 블랙홀을 찾으려는 것은 무리다. 우주에는 초신성의 폭발 등 X선이 튀어나오는 메커니즘이 극히 많아서, 단독 블랙홀 주위가 X선 등에 완전히 은폐되어 버린다. 그 때문에 블랙홀의 발견함에 있어서 쌍성(連星)을 찾게 된다.

두 개의 별이 있을 때, 둘이 모두 정지해 있다면 만유인력으로 와장창 부딪치고 만다. 그러나 둘이 중심을 맺는 방향에 대해 수직으로 그리고 둘이 같은 방향으로 돌고 있다고 하면, 두 별은 영구히 서로 돌아가고

그림 2-2 | 노베야마 관측소의 대형 파라볼라

있는 것이 된다. 태양과 지구, 지구와 달의 관계도 역학적으로는 마찬가
지이지만, 두 별의 무게가 그다지 다르지 않으면 서로가 돌아가고 있다는
느낌이 든다. 그리하여 쌍성의 한 쪽이 블랙홀일 때, 그 상대 별을 보아 블
랙홀의 존재를 알 수 있는 것이다.

　실제는 쌍성으로서 영구히 계속하여 돌아간다고 해도, 보이는 쪽의 별
주변의 수소가스 등이 블랙홀에 끌려가기 때문에 쌍성의 상대방 부근에
서, 위에서 말한 것과 같은 X선이 방출되는 것이다.

블랙홀을 만드는 방법

이론뿐만 아니라 블랙홀의 신빙성이 높아짐에 따라 밤하늘에서 그것을 찾는 작업도 진행되었는데, 어떤 메커니즘으로 블랙홀이 태어나는지도 생각하게 되었다.

예로부터 천문학에서는 별의 일생이 연구되어 왔다. 최초는 성간 물질(星間物質)로서 우주에 떠돌아다니던 먼지가 이윽고 모여들어서 항성이 된다. 태양 등이 그것의 전형이며, 그 내부에서는 2개의 수소가 융합하여 1개의 헬륨으로 되는 원자핵융합이 일어나고 있어, 여기서의 온도는 수천만 도에 이른다. 다만, 별의 표면은 6000도 정도에 불과하다. 이 상태가 가장 안정하며 대부분의 별은 이 상태를 수십억 년이나 지속한다.

이윽고 핵융합이 별의 중심부로부터 주변부로 옮겨가서 별이 팽창하고 밝기는 해도, 온도는 그다지 높지 않은 상태로 된다. 이것이 적색거성(赤色巨星)이다.

이러저러하는 동안에 거성 내부에 축적된 헬륨이 응축하기 시작하고, 응축에 의해 내부에 에너지가 축적되어 다시 온도가 올라간다. 이윽고 축적된 에너지에 견디다 못해 마침내 대폭발을 일으켜 밝아지지만 별은 축소한다. 이것이 신성(新星)이다. 말로는 신성이라 하여 무언가 새로운 별 같은 느낌을 주지만, 실제는 좀 낡은 느낌이 드는 적색거성보다 더 나이가 많은 별이다. 이윽고 이 별의 중심부에서는 헬륨 원자핵이 다시 결합하여 철 원자핵과 같은 에너지가 낮은 것으로 변화해 가는 것이다.

이리하여 신성은 중력 때문에 더욱 축소되어 아주 작은, 더욱이 중심부는 꽤 고온의 백색왜성(白色矮星)으로 된다. 고전적인 이론에서는 이 백색왜성을 별의 일생의 임종기라 하였으나, 핵물리학의 발전으로 다시 중성자별(中性子星)로 된다는 것이 밝혀졌다.

어느 정도 질량을 갖는 별은 아주 밀도가 높은 백색왜성으로 된다. 이 별은 다시 자신의 무게 때문에 수축하고, 틈이 있는 원자는 눌러 찌그러져서 핵으로만 된다. 그때 핵외원자(核外原子)는 핵 속으로 끼어들어 양성자(陽性子)와 결합하여 중성자가 된다. 별은 모두 중성자만의 원자핵의 집합……이라기보다는 그때는 별 자체가 하나의 거대한 원자핵이다.

보통 중성자별의 밀도는 1당 1012그램 정도, 즉 각 설탕 1개의 무게가 100만 톤 정도, 세계 최대의 유조선 여러 척 몫에 해당한다. 그리고 이 중성자가 점점 더욱 수축하여 밀도가 이것의 1,000배, 1만 배……로 되었을 때 그것은 블랙홀이 되는 것으로 해석되고 있었다.

그러나 최근의 연구에서는 별의 일생이 반드시 위에서 말한 것처럼은 되지 않는다고 한다. 질량이 태양의 8배보다 작은 별은 질량을 우주에 흩뿌려 놓은 후, 자신은 백색왜성이 되어 그대로 식어간다고 하는 주장도 잇다. 또 태양의 8배 이상이고 20~30배 이하의 질량을 갖고 있었던 것은 신성이 되고서도 충분한 에너지를 가지며 중성자별로까지 이르지만, 이 이상 수축할 능력은 없다고도 한다.

중성자별의 반경은 대부분의 것이 10㎞ 전후라고 한다. 처음부터 이보다 컸던 별이 최후에는 블랙홀이 되어 모든 것을 삼키는 우주의 구멍이 된다. 그러나 이러한 초기 전체의 질량에 의해 그 말기를 예상한다는 것에는 다른 주장도 있어(최초에 태양의 2~3개 이상의 것은 블랙홀로 될 수 있다고 생각하는 사람도 많다), 절대적으로 신뢰할 수 있는 학설은 아직 없다고 말할 수 있다. 그런 만큼 우주의 과학은 어렵다.

탯줄과 같은 웜홀

우주의 초기에는 빅뱅(big bang)이라 불리는 대폭발이 있었다. 그 여세로 우주는 지금도 팽창하고 있다. 빅뱅은 아마도 150~160억 년 전 사건이라고 이야기되지만, 학자 중에는 100억 년쯤 전이라고 하는 설도 있어 확실하지 않다. 그리고 우주 공간에서는 별이 일생을 마칠 때 지극히 밀도가 높은 상태로 되어 그것이 블랙홀로 된다. 아무래도 이 블랙홀은 한 개가 아니라 상당한 수가 우주 공간에 있는 것 같다…….

우주의 창성(創成)에 대해서는 뒤에서 설명할 예정이지만, 초기의 인플레이션 팽창의 시기에는 광속 이상의 속도로 팽창하여 하나의 우주가 만들어졌다고 하는 설이 일반적인 주장이었다. 그러나 그렇지 않고, 이 시기에 거품처럼 수많은 우주가 만들어졌다고 하는 사고방식이 있다.

일반상대론의 결과의 하나로서, 진공인 우주의 압력이 마이너스가 된다고 하는 해석이 있다. 캐나다의 웨슨의 연구에 따르면, 이 마이너스의 압력이 대량의 물질을 낳아 대팽창의 방아쇠가 되었다고 한다. 이때 낡은 진공 속에 새로운 진공이 많이 생기고, 그 하나하나가 이윽고 우주를 형성한 것이라고 주장한다.

새로운 진공이 자꾸 생겨서 낡은 진공을 찌그러뜨려 간다. 그리하여 이 세상은 새로운 많은 우주로 차지되어 가는데, 새로운 진공에 찌그러뜨려진 낡은 진공 영역은 중력의 힘에 의해 블랙홀로 되었다고 한다.

주위가 많은 새로운 진공(우주)으로 둘러싸인 낡은 진공 영역은 극히 좁은 것으로 되고, 이렇게 해서 만들어진 것이 미니 블랙홀이라 불린다. 당연히 후에 별의 붕괴에 의해 생성된 것은, 이른바 '성장과정이 다른 것' 이라고 생각해도 된다. 작은, 더욱이 무수하다고도 할 수 있는 블랙홀이 이 시기에 만들어졌으리라고 생각되는 것이다. 다만, 그것들은 너무나 작기 때문에 이윽고 소실되는 운명일 것이라고 호킹이 양자론을 사용하여 설명했다.

거품처럼 많이 생성된 우주를 베이비 우주라고 부른다. 미국의 시드니 콜먼(Sidney Coleman, 1937~2009)이나 호킹에 의해, 창성기에 많은 베이비 우주가 탄생된 것이라고 제언되었다. 양자론에 대해서는 제4장에서 자세히 말하겠지만, 우주 초기의 10-44초에서 10-43초경우주(라고는 하나, 단위가 다른 만큼 엄청나게 작다)의 에너지는, 양자론의 결과에 따르면 시간적으로는 균일하지도 일정하지도 않았다(이것을 요동하고 있었다고 한다). 그렇다면 생성되는 작은 베이비 우주도 여기에 하나, 저기에 하나, 더욱이 그 크기도 각각 다른 것이 된다. 더욱이 하나의 베이비 우주가 요동 때문에 다시 새로운 우주를 낳고, 그것이 또 새끼를 친다. 즉 아들 우주라든

으앙~
으앙~

요동이 낳는 아들 우주와 손자 우주

가 손자 우주가 만들어진다.

그리고 이들 우주는 탯줄 아닌 웜홀로 이어져 있다고 한다. 다만, 이 대롱 같은 웜홀의 지름은 우주의 초기 크기인 10-33센티에 지니지 않다고 한다. 웜홀을 통해서 과거의 세계로 간다고 하는 킵손의 이야기처럼, 인간이 여기를 빠져 나가게 된다면 어떤 방법으로든지 구멍을 훨씬 넓혀 놓지 않으면 안 될 것이다. 그러나 킵 손도, 이치상으로는 이것을 통과함으로써 과거로 갈 수는 있어도, 어떻게 하면 이것을 넓힐 수 있는가에 대해서는 언급하고 있지 않다.

다만, 이 웜홀의 특징에 대해서는 '그 도중'에서의 시간이라든가 공간을 생각하지 않는다. 정의하고 있지도 않다. 입구의 시간이 곧 출구의 시간이다. 인간의 몸으로는 안 된다고 하면 영혼만이라도 좋다. 이것을 순식간에 통과하여 다른 세계로 나갈 수 있는 것이 된다. 그것은 바로 불교에서 말하는 열반에 해당하는 것이 될 것이다.

웜홀은 다른 우주를 연결하는 벌레 먹은 구멍이라고 생각되었으나, 같은 우주의 다른 지점이 이것으로 연결되어 있는 것으로도 생각할 수 있다. 이때는 바로 킵 손의 이야기가 이론상으로 성립된다. 또 SF의 '워프' 등의 현상도 생각할 수 있다.

3장

우주에서 제일 짧은 시간

3

우주에서 제일 짧은 시간

우주의 모형

이미 잘 알려져 있듯이 아인슈타인은 1915년부터 1916년에 걸친 연구(일반상대론)에서, 우주 공간의 부분 부분이 휘어지는 방법을 수식화 했다. 그는 거기서 '우주의 끝은 어떻게 되어 있는가'에 대해서는 언급하고 있지 않으나, 결코 우주 전체의 문제를 등한시 했던 것은 아니다.

우주에는 많은 천체가 있어, 팽개쳐 두면 만유인력 때문에 집중되어 버리지 않느냐고 하는 우려가 많이 있었다. 그래서 그는 우주의 상태를 나타내는 방정식 속에 '우주항(宇宙項)'이라는 것을 넣고, 이것이 척력(斥力)을 나타낸다고 하여 별의 집중을 막았다.

후에 우주관측 기술이 진보하여, 이같은 특수한 상수를 생각할 필요가 없다는 것을 깨달은 아이슈타인은 "우주항을 식 속에 짜 넣은 것은 일생의 불찰이었다."라고 말했다고 한다. 그러나 우주항이 정말로 불필요한 것인지는 오늘날에도 아직 해결되지 않았다. 실제로 최근에도 일본의 학자 그룹[국립천문대 조교수 요시이(吉井讓) 씨, 도쿄도립대학 교수 다카하라(高原文郎) 씨 등]이 우주항은 역시 필요하다는 제안을 하고 있다.

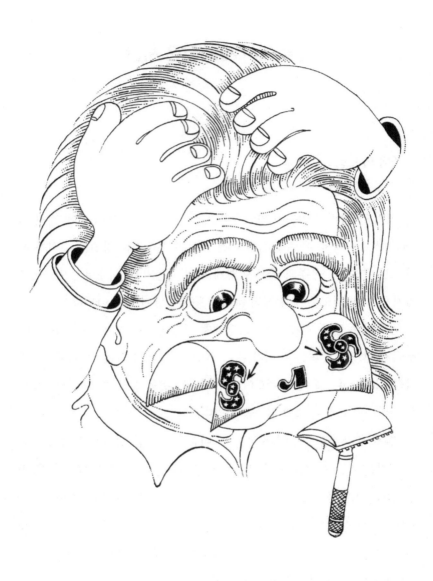

우주항을 넣은 것은 일생의 실수

일반상대론이 발표되던 무렵인 1920년 전후, 사람들의(나아가서는 학자들의) 우주관은 아직도 단순한 것이었다. 상대론이란 원래 세 가지 방향의 공간과 하나의 시간을 동등한 입장에서 수식화하는 학문이다. 하지만 현실적으로는 일정한 방향으로 경과해가는 시간과, 우로나 좌로도 옮겨갈 수 있는 공간과는 크게 다르다. 이인슈타인은 공간에 대해서는 그 나름의 생각을 갖고 있었겠지만(그는 결코 공간이 닫혀 있다고 단언한 것은 아니지만……), 시간에 대해서는 구체적으로 아무 말도 하지 않았다. 그것은 1920년경의 사고방식으로는 시간의 과거로부터 미래에 걸쳐서 일방적으로 영구히 계속되는 듯이 생각되고 있었던 것이 아닐까? 공간이 닫혀 있다고 하는 상식을 깨뜨리는 사상으로 머리 속이 가득 차 있었고, 과거로부터 미래에 걸쳐서의 길고 긴 시간이라는 것이 전체로서는 어떻게 되어 있느냐 따위를 생각하는 데까지는 손이 돌아가지 않았을지도 모른다.

아인슈타인의 일반상대론 식은, 뉴턴이 역학 식 따위와 마찬가지로 미분 방적식이라고 하는 것으로서 주어져 있다. 시간이나 장소의 끝 부분이 어떻게 되어 있느냐(경계조건이라고 한다)는 것은 그 방정식을 해석하는 사람이 자유로이 결정해줘야 한다. 이런 까닭으로 일반상대론의 식을 기초로 하여 많은 학자가 온갖 우주모형을 제안했다.

네덜란드의 천문학자 월렘 드 지터(Willem de Sitter, 1872~1934)는 물질이 존재하지 않는 우주를 가정하여 일반상대론의 식을 해석했다. 그렇게 하면 우주는 자꾸 팽창해 버린다. 그래서 우주항의 부호나 그 크기를 여러 가지로 바꾸어보아 닫혀진 우주상을 제안했다. 그래서 평행이어야 할 두 가닥의 광선이 이윽고는 교차해 버리는 것과 같은 우주를 닫혀 있다고 하고, 두 가닥이 자꾸만 벌어져 버리는 우주를 열린 우주라고 한다.

물론, 우주에 물질이 없다(천체가 존재하지 않는다)고 하는 것은 일종의 근사이며, 그런 의미에서는 현실적이 아니다. 그러나 어쨌든 최초로 방정식을 해석하여 닫힌 세계를 생각했다는 점에서 그의 모델은 아이슈타인-드 지터의 우주라고 불렸다(1932년).

소련의 알렉산드르 프리드만(Aleksandr Aleksandrovich Friedmann, 1888~1925)이라는 수학자는, 아인슈타인의 우주항을 없는 것으로 하고서 계산해 보았다. 드 지터와는 달리 프리드만의 모델에서는 공간에 천체가 있다. 즉 우주의 평균 밀도라는 것이 제로가 아니고 얼마의 값을 갖는 것으로 하여 계산되었다. 그 결과 우주의 물질 밀도가 작으면 우주는 어디까지나 영구히 팽창하지만, 밀도가 어느 값보다 크면 일단 팽창한 것이 다시 수축하고, 이것을 몇 번이나 반복한다는 결론을 얻었다. 물론 그 주기는 수백억 년이라고 하는 긴 것이지만, 그의 해석은 현재도 우주모형의 기본으로 되어 있다.

이 밖에 벨기에의 물리학자 아베 르메트르(Abbe Georges Edouard Lemaitre, 1894~1966)는 일정한 크기의 우주가 갑자기 커지기 시작한다는 모델을 만들었는데, 이것은 후의 빅뱅 이론의 선구가 되었다.

이리하여 여러 사람이 일반상대론의 방정식을 해석하는 일에 착수하여 여러 가지 특징 있는 해석을 발견했는데, 해석 가운데서 시간이라는 것은 도대체 어떻게 되어 있을까? 이것에 대해서는 어느 논문에서도 확실하지 않다. 닫힌 공간과 마찬가지로 시간은 크게 한 바퀴 돌아서 처음으로 되돌아오는 것이 아닐까 하는 시사도 있지만, 누구나가 시간에 대한 명확한 표현을 회피하고 있다. 그것은 …… 무리가 아닐 듯이 생각된다. 공간이 닫혀 있는지, 열려 있는지 조차도 확실한 증거가 없는 때에 보다 복잡한 시간이 어떤 것인지, 시초와 종말이 있는 것인지를 따지고 든들, 이렇다 하고 단언할 수 있는 근거는 없다.

그 후에도 여러 가지 우주론이 발표되고 이론도 측정도 진보했지만, 우주 시간의 시초와 종말을 직접으로 문제 삼은 것은 1980년대가 되고부터 스티븐 호킹의 이론이 효시가 아닐까?

퍼져 나가는 우주

이야기를 1930년 전후로 되돌리면, 이 시기에 우주론에 커다란 개혁을 가져다 준 것은 미국의 천문학자 에드윈 허블(Edwin Powell Hubble, 1889~1953)이다. 그는 미주리 주에서 출생하여 시카고대학에서 물리학을, 옥스퍼드대학에서 법률학을 공부하여 변호사가 되었으나, 다시 천문학을 수학하여 시카고대학에서 박사학위를 받았다. 일본에서는 사법 시험에 합격한 후 자연 과학의 실험으로 전향했다는 예는 그다지 생각할 수 없으나, 미국 등에서는 자신의 천직을 선택하는 데도 커다란 자유가 있는 것 같다.

그는 1920년에 윌슨 산 천문대의 직원이 되어 여러 가지 별의 고유한

그림 3-1 | 에드윈 허블

운동 등을 상세히 조사했다. 최초로 지구로부터의 거리를 알고 있는 18개 별의 빛을 측정한 결과, 그것으로부터 오는 빛이 모두 적방편위(赤方偏位)를 하고 있다는 사실에 놀랐다. 알기 쉽게 말하면, 별을 구성하는 성분 분자 등으로 생각하면 파르스름하게 보여도 될 터인 것이 붉게 보이는 것이었다. 그는 이 사실을 1929년에 발표했다. 만약 별이 후퇴해가면서 빛을 낸다면 광속은 (관측자에 대해) 불변이더라도, 이른바 도플러 효과라는 것이 생겨 측정 파장은 고유의 것보다 길어진다. 소리라면 저음이 되고 빛

74

이라면 붉어진다.

허블의 발표가 있은 후, 일부 이론가들은 별이 달아나고 있으며, 더욱이 빠른 별일수록 빠르게 멀어져 간다고 하는 우주팽창론을 주장했으나, 허블 자신은 그런 주장에 당혹했다고 한다. '우주가 팽창하다니, 그런 터무니없는' 하는 상식이 도사리고 있었는지도 모른다. 예를 들면 발광하는 별 표면의 중력장(重力場)이 아주 강하면 역시 적방편위가 일어나는 것으로서, 어쨌든 일은 신중을 요한다……고 생각했을 것이다.

허블은 다시 별에 대한 관측을 진행시켰다. 별이 자전하고 있으면, 한쪽 끝은 지구에 접근하지만 다른 끝은 멀어지는 것이 된다. 이와 같은 별의 상태를 자세히 검토했으나, 적방편위는 아무래도 별의 후퇴로 설명할 수밖에 없다.

별의 후퇴는 곧 우주의 팽창이며, 어쨌든 관측에 의해 이 사실을 발견한 그의 공적은 크다. 그러나 우주는 확대하고 있다고 하는 아인슈타인 시대에는 생각조차 할 수 없었던 주장이 정착된 것은 제2차 세계대전 후의 일이다.

제2차 세계대전이 끝난 이듬해에 해당하는 1946년에 조지 가모프(George Gamow, 1903~1968)라는 학자가, 우주는 빅뱅이라는 대폭발에서 발단했다고 하는 경탄할 만한 주장을 제창했다. 그는 원래 러시아의 오데사에서 태어나 레닌그라드대학에서 수학하여 박사학위를 받았다. 그리고 독일의 괴팅겐대학, 덴마크의 코펜하겐대학 등 당시 양자론이 활발하던 곳에서 공부를 하고, 다시 케임브리지대학, 파리, 런던의 대학 등 꽤나 많은 대학을 철새처럼 이동했다. 1934년에는 미국으로 건너가 마침내 거기에 정착했다.

미국에서도 조지 워싱턴대학, 콜로라도대학의 교수로 근무했고 연구 분야도 물리, 천문 나가서는 생물학에 미쳤으며, 후에는 DNA의 암호에 대해서도 연구했다. 일반인을 대상으로 한 과학 계몽서를 많이 썼고, 일본어로 번역된 것도 많다. 소년 시절에 가모프의 책에 감동되어 물리학으로 나아가게 되었다고 하는 학자도 적지 않다. 그에게는 원자핵 속의 소립자의 터널 효과의 고찰, 고온 고압의 별의 성질 등 폭넓은 연구가 있지만, 뭐니 뭐니 해도 그의 이름으로부터 연상되는 것은 빅뱅이다. 그러나 그의 빅뱅 설도 처음부터 신용을 받고 있었다고는 말하기 어렵다. 그의 연구 분야가 너무나 다방면에 걸쳐 있었기 때문에 사람들에게는 그의 주제가 확산되어 집약할 수가 없어서, 빅뱅도 결국은 가설 중 하나라고 생각되어 왔다.

그러나 소립자론의 발전과 더불어 자연계에 존재하는 힘을 통일적으로 이해하려는 흐름이 일어났고, 그러기 위해서는 우주의 초기까지 되돌아가서 고찰할 필요가 있었다. 그 최초는……바로 가모프가 예언한 빅뱅에 있었다고 생각하는 수밖에 없고, 이론적으로도 충분히 근거가 있는 것이라고 믿어지게 되었다. 또 우주의 모든 방향으로부터 같은 세기로 오는 우주배경복사(宇宙背景輻射)의 발견 [1965년 아르노 펜지아스(Arno Allan Penzias)와 로버트 윌슨(Robert Woodrow Wilson)에 의함]이 빅뱅의 흔적인 전파로 생각되는 데서부터 빅뱅 이론은 더욱 확실한 것으로 되었다. 우주의 시초, 즉 시간의 제일 최초는 어떻게 되어 있는가는 먼저 철새 물리학자 가모프에 의해 제시되었던 것이다.

처음에 빅뱅이 있었는가?

우주가 약 100억 년, 또는 150억 년 전에 빅뱅에 의해 시작되었다는 것은 오늘날 잘 알려진 일이다. 아직 학교의 과학 교과서에 크게 실리는 데까지는 이르지 않았으나, 많은 전문가는 이 사실을 틀림없는 것으로 믿고 있다.

하지만 이것에 이론을 제기하는 학설이 없는 것은 아니다. 캘리포니아 대학의 안네스 알프벤(Hannes Alfven, 1908~1995) 명예교수는 자기의 전문인 플라스마 이론으로부터 우주의 창성을 설명하려 하고 있다. 플라스마란 초고온 물질이 진동하는 현상인데, 그는 이 플라스마 상태의 물질로부터 성단(星團)이나 은하가 태어났다고 한다. 참고로 알프벤은 루이스 넬 (Louis Eugene Felix Neelm, 1904~2000)과 함께 1970년도 노벨 물리학상을 수상했다.

그의 계산에 따르면, 150억 년은커녕, 우주의 시초는 훨씬 더 거슬러 올라가는 과거가 되는 것 같다. 물론 그가 주장하는 것에도 그 나름의 근거가 있지만 소수파인 것만은 확실하다. 요컨대 그럴 정도로 우주라고 하는 것에는 여러 가지 사고방식, 여러 가지 학설이 있다는 것이기도 하다.

우주의 시초가 빅뱅이었다고 하면, 그것이 가령 150억 년 전이라면,

그보다 전은 어떠했느냐 즉 200억 년쯤 옛날은 어떠했느냐…… 하고 묻고 싶은 것이 인정(人情)일 것이다.

그러나 이 의문에 직접 대답할 만한 설명은 좀처럼 나타나지 않았다. 어쨌든 최초는 빅뱅이며, 그 이후는 여차여차하다는 이론은 많이 제출되었으나, 그들의 이야기sms ahen '최초에 빅뱅이 있었다'는 것이었다.

물론 오늘날에도 어떤 의미에서는 빅뱅이 시간의 시작이다. 그 이전은 단지 형식적, 추상적인 것이라고 설명하는 것도 결코 틀린 말은 아니다. 그러나 그 시간의 단락을 단락으로서가 아니라, 잘 이어 맞추어 나간 것이 호킹이다. 이런 의미로서도 현재 호킹의 이론에 큰 관심이 쏠리고 있는 것은 당연하다 할 것이다.

다만, 호킹의 이론에는 수식 속에 시간이라든가 경로합(徑路合)이라든가 하는 어려운 개념이 들어 있어서, 솔직히 말해 부외자(部外者)는 이해하기 곤란하다. 아니 전문가라고 한들 '수학적으로는' 이해할 수 있었다는 정도에 머무를 것이다. 그러므로 어려운 이야기는 뒤로 돌리기로 하고 1960, 1970, 1980년대로 서서히 발전해 온 빅뱅설에서부터 생각해 나가기로 하자.

우주에서 제일 짧은 시간?

150억 년쯤 전에 우주에 갑자기 빅뱅이 일어났다. 왜 일어났느냐고 하기보다는, 이 엄청난 폭발의 에너지원은 무엇이냐고 하는 것이 당연한 문제가 된다. 이것도 오랫동안 불명(이라기보다는 불문)인 상태로 계속되어 왔으나, 현재는 아무것도 없는(이라기보다는 아무것도 관측에 걸려들지 않는) 공간, 즉 진공이 그 폭발원이라고 보고 있다. 이렇게 되면 새삼 진공이란 무엇이냐라는 의문이 생기는데, 여기서는 역사의 순서를 쫓아서, 어쨌든 빅뱅이 일어났다고 하는 시점에서부터 이야기를 시작하기로 하자. 이 빅뱅에서 놀랄 만한 일은 지극히 짧은 시간에 우주가 형성되었다는 것과 함께, 손아귀에 들어갈 만한 작디 작은 우주가 엄청나게 크게 팽창했다는 점이다.

우선 작은 수에 익숙해 두기로 하자. 1조는 10^{12}로 나타내고 1조분의 1은 10^{-12}로 쓴다. 10의 어깨에 붙은 마이너스의 수(지수라 부른다)의 절대값이 클수록 수 전체는 작아진다. 수학에서 사용하는 수치는 단순한 수(이것을 디멘션-차원-이 없는 수라고 하는 일이 있다)이나, 현실의 '물질'을 대상으로 하는 물리학 등에서는 무엇을 가지고 수의 1에 대응시키느냐(단위)에 따라서 물질의 크기를 나타내는 수치가 달라진다. 그리고 보통으로 사용되고 있는 것은 길이는 1m를 1, 질량은 1kg을 1, 시간은 1초를 1로 한다. 이렇게 정하는 방법을 국제단위라 부르고, 나라에 따라서 다른 피트나 파운드는(적어도 이학의 연구에서는) 쓰지 말자는 약속이 있다.

이 약속에 의하면, 우주의 크기는 약 100억 광년(1026미터), 우주의 현재까지의 수명은 100억 년(1016초)으로 나타낸다. 한편 작은 쪽에서 20세기 초에 원자의 연구가 이루어져서 이것을 1Å(옹스트롬)이라 불렀는데, 이것은 10^{-10}m이다. 즉 국제도량형위원회의 정식 호칭으로는 1㎚(나노미터)

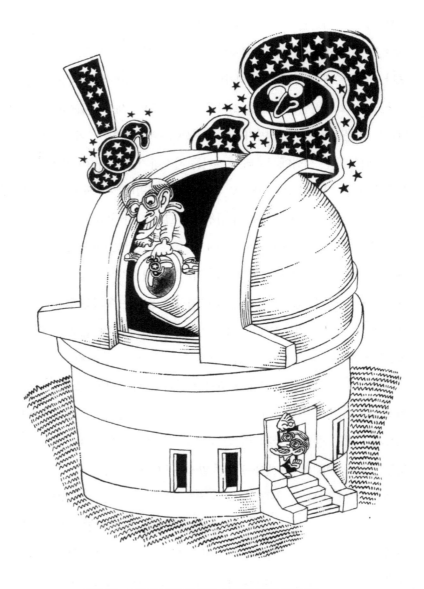

최초에는 손아귀에 들어갈 만한 우주에서부터 출발하여……

의 10분의 1이 된다. 참고로 현재 정식으로 사용되고 있는 계량의 접두사를 적어보면

크기	명칭	약호
10^{12}	테라(tera)	T
10^9	기가(giga)	G
10^6	메가(mega)	M
10^3	킬로(kilo)	k
10^2	헥토(hecto)	h
10	데카(deca)	da
1	(단위)	
10^{-1}	데시(deci)	d
10^{-2}	센티(centi)	c
10^{-3}	밀리(milli)	m
10^{-6}	마이크로(micro)	μ
10^{-9}	나노(nano)	n
10^{-12}	피코(pico)	p
10^{-15}	펨토(femto)	f
10^{-18}	아토(atto)	a

이다.

1930년대에는 소립자론이 발달하여, 작은 길이로서 원자핵 또는 양성자나 중성자의 크기가 어림되어 이것을 1페르미라 일컬었다. 도량형 위원

회 방식으로 말하면, 이것은 1펨토미터이다. 오히려 나노나펨토 쪽이 바른 명칭이고 옹스트롬이나 페르미는 별명이라고 생각하면 된다. 소립자론은 일본의 유카와 히데키(湯川秀樹) 박사의 중간자(中間子)에서부터 시작된 것이므로, 10^{-15}미터는 1유가와라고 불러야 한다고 주장하는 일본의 학자도 있으나 국제적인 논문에서는 페르미가 사용되는 쪽이 많은 것 같다.

짧은 시간에 대해서는 소립자의 평균 수명이 측정되었다. 그것의 대표적인 예는 유카와 박사에 의해 제창된 파이()중간자의 플러스나 마이너스의 전기를 갖는 것에서 약 10^{-8}초(1초의 1억분의 1), 전기를 갖지 않는 중성 파이중간자에서 10초$^{-16}$(전기를 가진 중간자의 그것의 1억분의 1) 정도이다. 또 더 많은 불안정한 소립자의 평균 수명이 자세히 조사되었는데, 그 대부분 10^{-8}~10^{-20}초 정도 안에 있다.

그러면 길이나 시간에 최소 단위가 있는지 어떤지, 즉 현재의 말로 표현하면 아날로그(analogue)가 아니고 디지털(digital)인지 어떤지는 잘 알지 못하고 있다. 그러나 1950~1970년경의 소립자론에서 특히 '장(場)의 이론'이 활발했던 무렵에는 최소 단위가 크게 문제로 되었다. 그리고 길이에서는 아마도 소립자의 크기 정도(10^{-15}미터 정도), 시간에서는 그 수명(10^{-8}~10^{-16}초 정도)이 아닐까 하고 생각한 사람도 있었다.

물질을 분해해 가면 궁극적으로는 원자, 분자, 나가서는 소립자에 도달한다. 즉 질량이나 전하로서 하나의 단위가 최종 요소가 된다. 이와 마찬가지로 길이나 시간에도 최후의 크기(작기라고 해야 할지?)가 있어도 되지 않겠는가라는 것이 이것을 생각하는 사람들의 생각이었다.

과연 최소 요소가 있는지 어떤지, 그것을 어떻게 생각하는가는 과거 40년 동안쯤 중요한 과제로 되어 있었는데(실제로 현재도 이 문제와 씨름하고 있는 사람도 있다) 소립자보다도 더 작은 쿼크(quark)가 제안되고, 한편에서는 우주 시초의 빅뱅에 $10^{-30} \sim 10^{-40}$초라는 엄청나게 짧은 시간이 거론되면서부터, 시간과 공간의 최소라고 하는 것의 사고방식에(최소 단위라는 따위의 것이 있는지 어떤지를 포함하여) 커다란 변경이 강요되었다.

터무니없는 고온에서부터 출발하여

우주가 탄생한 지 10^{-44}초 후에 그것은 폭발적인 팽창을 시작했다고 한다. 이 엄청난 폭발이 빅뱅인데, 10^{-44}초란 도대체 무엇일까?

인간은 자기 몸의 신진대사에 의해 시간의 경과를 느끼지만, 10분의 1초라고 하면 이미 그것을 식별할 수는 없다. 10분의 1초보다 더 빨리 변화하는 그림을 보게 되면, 인간의 생리는 그것을 연속이라고 느껴버린다. 영화나 텔레비전이 이 사실을 이용하고 있다.

생리적으로는 판별이 불가능하지만, 짧은 시간이 있다는 사실은 인정해도 될 것이다. 그러나 그것이 10^{-44}초, 즉 1초의 1조분의 1의 그것의 다시 1조분의 1의 그리고 또 그것의 1조분의 1의 또 1억분의 1이라고 하게 되면 이미 그것을 상상해 보라고 한들 어찌할 방도가 없다. 어찌할 방도는 없지만, 그래서 '그런 짧은 시간 따위는 무시해 버려'라고 난폭한 말을 해서는 안 된다. 시간이 짧기 때문에 나중에 호킹이 주장하듯이 양자역학과 결부되어 거대한 에너지가 출현하는 것이다.

우주가 탄생하여 빅뱅이 시작되기까지의 시간 10^{-44}초는 플랑크(Max Kare Erunst Ludwing Planck)의 시간이라고 불리기도 한다. 이것은 우주의 최소의 길이 10^{-33}센티를 빛이 지나가는 데에 필요한 시간(다소의 오차는 따로 하고서)이라고 생각해도 된다.

물리학의 연구가 우주론에서부터 빅뱅이 나아간 현재, 생각할 수 있는 최소의 길이나 시간이 이것이라고 해도 좋을 것이다.

30년쯤 전, 소립자론은 벽에 부딪쳐 있었다. 전자라든가 전자와 광자의 상호 작용 등은 시공 속의 한 점에서 이루어지는 것이라고 하지 않으면 원리적으로 이치가 맞지 않았다. 그러나 한 점에다 사물을 밀어 넣고 버리면, 무한대…… 특히 에너지의 무한대가 도마나가(朝永振一郎) 박사의 재규격화이론(再規格化理論, renormalization theory)에 의해 무한대의 어려움은 정리되었으나, 무한대의 문제가 완전히 해결된 것은 아니었다. 그것은 공간이나 시간을 연속적인 양이라고 하는 한, 무한대의 어려움은 늘 따라붙기 마련이다. 양자론에 의해 에너지라든가 전하라든가 각운동량이 띄엄띄엄인 것처럼, 공간이나 시간도 띄엄띄엄이라고 생각하면 어떨까 하는 이론의 형성에 힘을 쏟게 되었다.

이 세상의 사상(事象, 예컨대 입자 간의 상호 작용)은 시공간의 한 점에 국부적으로 존재하는 것이 아니라, 좁으나 어느 영역으로 펴져 있다고 하는 사고방식을 기초로 하여 만들어진 연구를 비국소장(非局所場, non-local field) 이론이라 하며, 당시 교토(京都)학파의 유카와 박사를 중심으로 하여 정력적으로 추진되었다. 다만, 당시는 아직 퀴크 따위라는 것은 제창되지 않았고, 길이의 최소 단위는 소립자의 크기인 10^{-13}센티(1페르미 또는 1유카와) 정도, 시간의 최소 단위는 이 길이를 빛이 통과하는 데에 필요한 약 10^{-24}초 정도로 생각되고 있었다.

플랑크 척도(尺度)라고 하는 비국소장의 항과는 비교도 안될 만한 작은 길이나 시간을 생각하게 된 것은, 통일장(統一場)의 이론 등에서 엄청난 에너지를 문제로 삼지 않을 수 없게 되었기 때문이다. 입자를 생성할 때의 에너지가 클수록 작은 시간이 필요하다. 그리고 플랑크의 상수가 그와 같이 작은 양(정확하게 말하면 나중에 보이듯이 두 양의 곱셈이 되지만)에 해당하는 것으로부터, 최근 십 수 년 사이에 이런 작은 길이나 시간이 이루어지게 되었다.

또 한 가지, 우주 탄생에 즈음하여서는 온도를 문제 삼지 않으면 안 된다. 섭씨 0도는 절대온도로 273도(273K로 쓴다)인데, 1만 도나 10만 도가 되면 섭씨든 절대온도이든 거의 다르지 않다. 따라서 앞으로는 모두 절대온도로 나타내기로 한다.

우주의 탄생기는 굉장한 불덩어리여서 그 온도는 10^{32}K정도(1조도의 1조 배의 그것의 또 1억 배)였다고 한다. 물리학을 종합적으로 생각한 경우 이쯤이 존재할 수 있었던 최고 온도인 듯하다. 핵융합이라든가 수소폭탄 등에서도 고온도가 만들어지지만 도저히 그것과는 비교도 안 된다.

가모프에서 시작되는 빅뱅이론에서는 이 엄청난 고온을 출발점으로 하여 우주는 대팽창을 이룩한 것으로 된다. 그리고 꽤 오랜 기간 빅뱅 현상으로서 '보통으로' 커져가는 우주모형이 채용되어 왔다.

광속을 넘어서는 급성장!

우주 최초의 크기는 손아귀에 들어갈 정도라고 말했으나, 이윽고 우주론이 발전함에 따라 천만에! 우주는 그보다도 훨씬 더 작았다는 것이 판명되었다. 참으로 놀라운 일이지만, 10^{-35}미터 보통으로는 센티를 사용하여 10^{-33}센티라고 한다. 1센티의 1조분의 1조분의 또 10억분의 1인 이 길이는 플랑크의 길이라고 불리고 있다. 이것은 양자역학에서 문제가 되는 이른바 플랑크 상수 h라고 하는 것이 같을 정도의 작은 값인 데에서 유래하고 있다.

여기서 다시 한번 우주의 폭발을 새로운 이론에 입각하여 설명하기로 하면, 10^{-44}초 후에 진공이 상전이(相轉移)-갑자기 공간의 질서가 뒤집혀지는 일-에 의해 빅뱅이 시작되고 그 때의 온도가 10^{32}K, 그러나 잠시 후 10^{-36}초나 10^{-32}초도 아주 한순간이며, 잠시 후라는 따위의 말은 참으로 부적절한 말이기는 하지만, 달리 표현할 방법이 없어 부득이 이런 표현을 쓰고 있다) 우주의 팽창속도가 비교도 안될 만큼 급격히 엄청나게 증대했다. 가장 빠른 속도는 빛이라고 하는 상대론의 결론은 이와 같은 우주개벽 때에는 통용되지 않는 것이다.

그리고 이때에 −나중에 연구된 일이지만− 실로 온갖 우주가 출현했다. 이 비정상적인 우주의 급성장을 경제 파탄에 처한 국가가 지폐를 왕창왕창 마구 찍어내는 것에 빗대어 인플레이션이라고 부르게 되었다. 이 과정이 10^{-36}초에서 10^{-34}초까지 계속되고, 이 원인도 진공의 성질의 변화라고 생각하여 우주의 인플레이션을 보통 두 번째의 상전이라고 한다. 이때의 우주의 온도는 부피의 급팽창에 의해 10^{28}K에서부터 두드러지게 내려가지만, 인플레이션이 멎어지는 동시에 10^{27}K 정도로 되돌아간 것으로 생각된다.

이 우주의 인플레이션으로 우주의 크기는 $10^{29} \sim 10^{30}$배(1조 배의 1조 배의 100만 배 정도)로 팽창했다고 한다. 그리고 이 엄청난 팽창 때에 블랙홀 우주, 화이트홀 우주가 만들어졌다고 설명한다. 이는 나중에 연구된 사안이다.

우주의 인플레이션이니 하며 마치 실제로 보고 온 듯이 말하지만, 옛날에 정말로 그런 일이 있었을까? 아니 왜 그런 사고방식을 취해야 했을까? 가모프의 빅뱅설만 해도 사람을 놀라게 하기에 충분한데, 그것으로도 부족해서 초기의 짧은 시간 동안에 왜 급격한 팽창을 가정하지 않으면 안 되었을까?

빅뱅이 제창된 후 사람들은 이 현상을 여러 가지 측면에서 연구했다. 그런데 정확히 계산해 본즉 첫 번째에 대폭발을 하기는 했으나, 그대로 팽창한다고 하는 가모프의 설로는 아무래도 설명이 불가능한 여러 가지 일들이 나타났다.

왜 인플레이션인가?

좀 복잡한 수치는 젖혀두기로 하고, 일반상대론이 나온 직후에 프리드만이 우주 공간의 밀도(일정 부피 안의 질량의 크기)가 크면 이윽고 우주는 수축하고, 작으면 팽창한다는 결론을 내놓았다. 이 관계를 우주의 초기 상태에 적용시켜 보자.

현재와 같이 넓게 퍼진 우주라면, 현재 정도의 작은 밀도에서 단순하게 팽창하고 있다(몇 백억 년 후에는 수축으로 전환할 가능성이 크지만)고 생각해도 된다. 즉 우주는 충분히 안정되어 있다. 그러나 탄생 직후의 10^{-43}초 후의 우주에서는 밀도가 일정값보다 조금이라도 크면 훨씬 전에 수축해 버렸을 것이며, 밀도가 조금이라도 작으면 지나치게 빨리 팽창하여 지금은 성운(星雲)이나 은하 등으로 운산무소하여 아무것도 남아 있지 않는 셈이 된다. 즉 성장적인 빅뱅(인플레이션을 뺀)이라면 현재와 같은 안정적인 우주가 생길 확률은 지극히 낮다. 그 엄청나게 낮은 확률이 들어맞았다고 생각하는 것은, 꿈같은 복권의 일등 당첨을 미리 미래 계획으로 포함하는 것과 마찬가지로 매우 비현실적이다.

그런데 인플레이션적인 팽창이 있었다고 하면, 마치 노인의 주름살처럼 가지런하지 않았던 물질 밀도가 팽팽하게 늘어난다. 그 결과 물질은 어느 방향이로든지 고르게 퍼진다. 이것을 우주의 초기는 평탄했다고 하며, 그 결과 현재와 같은 우주로 발달한다고 계산된다. 이것을 우주의 평탄(平坦) 문제라고 하는데, 일본의 사토(佐膳勝彦) 교슈니 미국의 앨런 구수

인플레이션 우주

(Allan Guth, 1947~)에 의해 초기 우주가 평탄하기 위해서는 인플레이션이 필요하다는 설이 제창되었던 것이다.

인플레이션이 필요한 이유는 그 밖에도 있다. 예컨대 사방으로부터 지구로 오는 우주배경복사나 그 밖의 정보가 모두 같다는 것은 어째서일까? 저편에서 오는 것도 역방향에서 오는 것도 '의논이나 한 듯이' 같은 강도의 신호를 보낸다. 예를 들어 한쪽 편의 50억 광년 앞의 A점과 다른 쪽의 50억 광년 앞의 B점이 상의를 한다면, 즉 같은 정보를 내려고 한다면 그 의논을 하는 데는 100억 광년이 걸릴 것이다. 정보 발신원은 우주 개벽 때의 영향을 받은 것으로, 그것들이 동일 뉴스를 보낼 이유는 아무것도 없다. 그런데도 불구하고 우리가 우주 공간을 관측할 때, 방향에 대해서 완전히 대칭이라는 것은 그 뉴스원이 같다고 생각하지 않으면 안 된다. 처음에는 중심에 하나만 있었던 정보 발신원으로서의 소우주가 광속보다 훨씬 빠르게 사방으로 흩어져서, 그 멀고 먼 곳에서부터 같은 정보를 지구로 보낸다고 생각하는 수밖에 없다. 이와 같은 근거를 통해 우주에서 인플레이션이 일어났다고 결론짓지 않을 수 없는 것이다.

인플레이션 이후

그런데 인플레이션이 진정되자 우주는 다시 통상적인 빅뱅으로 퍼져 나가기 시작했다. 그리고 맨 처음부터 계측하여(도저히 계측했다고 할 만큼

긴 시간이 아니지만) 10^{-11}초 후, 세 번째의 상전이가 일어났다. 이 무렵 온도는 10^{15}K(1000조K), 우주의 크기는 1,000만 ㎞, 즉 30광초 정도였다고 어림된다. 이것은 현재의 지구와 달과의 거리(1.3광초)보다는 길지만, 지구와 태양과의 거리(8광분)보다는 훨씬 짧다. 뒤에서 설명하듯이 자연계에 존재하는 '힘'의 분리를 설명하기 위해서 이 세 번째의 상전이는 없어서는 안 되는 것이다.

이윽고(?) 탄생에서부터 10^{-4}초(10000분의 1초) 정도가 경과한 데서 네 번째의 상전이가 일어난다. 이때의 우주온도는 10^{12}K(1조K)이며, 최초와 비교하면 꽤나 식었다고 할 수 있을 것이다. 이 최후의 상전이를 별명, 쿼크·하드론의 상전이라 부른다.

쿼크라고 하면, 현재의 물리학에서는 6종류의 쿼크와 6종류의 경입자[렙톤(lepton)이라 한다]가 물질의 최소 단위로 생각되고 있다. 쿼크 2개가 결합하여 중간자로, 또 3개가 결합하여 양성자, 중성자 그 밖의 무거운 입자[이것은 baryon:중입자(重粒子)]를 만들고 있다. 그리고 중간자와 바리온을 통틀어서 하드론(hadron:모든 강한 힘으로써 결합해 있으므로 강입자라는 호칭도 있다)이라고 부른다.

네 번째의 상전이 전에 쿼크는 맨몸(단독)으로 돌아다니고 있었다고 생각된다. 현재의 물리학에서는 대형 기계를 사용해도 중간자나 양성자 속에 있는 쿼크를 단독 입자로서 끄집어낼 수는 없다고 하고 있으나, 이론적으로는 하드론을 뿔뿔이 흩트려 놓고 쿼크를 알갱이로 하여 단독 행동을 취하게 하는 데는 1조K 이상의 온도가 필요하다. 따라서 우주의 경과

온도가 내려가서 가두어진 쿼크

를 더듬어 가면 네 번째의 상전이에서 온도가 1조K까지 내려갔고, 쿼크는 그 속에 갇혀서 하드론이 된 것으로 생각된다. 이리하여 우주 탄생 이후 1,000분의 1초가 지나자 맨몸의 쿼크는 모습을 감추고, 이른바 소립자만의 세계로 되었다.

양성자나 중성자 또는 중간자 등이 만들어지고 나면 나머지는 물리학에서 친숙한 것들뿐이다. 우주 탄생 후, 3분쯤에서 온도는 10억K 정도로 내려가고 양성자와 중성자가 결합하여 원자핵을 만들게 되었다.

우주가 생성되고 몇 분이 지나자 그로부터 10만 년쯤 사이에-인간의 감각으로 말하면 여기가 꽤나 긴 것 같으나-우주의 온도는 3억K에서 3,000K 정도로까지 내려갔다. 잘 알려져 있듯이 원자는 1만K 또는 그 이상에서는 원자로서의 형태를 이루지 않는다. 원자핵은 단단하게 만들어져 있으나 그 주위에 전자가 있기에는 온도가 너무 높다. 그때 원자핵과 전자는 분리되어 있으며, 이른바 플라스마 상태로 되어 있다.

이윽고 온도가 내려가 3,000K 정도가 되면, 핵 주위로 전자가 모여들고 이리하여 원자가 형성되게 된다. 그 이전의 고온도일 때에는 전자가 공간을 종횡으로 돌아다니고 있어, 빛이 이것에 충돌해 버리기 때문에 누군가(아무도 없지만) 빛에 의지하여 우주를 꿰뚫어 본다는 것은 불가능했다. 그러나 우주탄생 10만 년 후, 전자는 원자핵에 붙잡히고 공간에서 날뛰고 설치던 전자의 수가 줄어든다. 이렇게 되면 빛은 산란하지 않고 일직선으로 진행하게 된다. 전자라고 하는 '먼지'가 없어졌기 때문에 우주가 맑아진 것이다. 이 현상을 '개인 우주'라고 부른다. 그리하여 먼지의 틈사이로부터 새어나온 빛이 펜지아스 등이 발견한 배경복사인 것이다.

이윽고 우주는 10만 년의 개인 우주를 마지막으로, 그 후는 빅뱅 이후의 자연체로서 팽창해 가게 된다. 이리하여 150억 년 후에 지구 위의 허블에 의해서 팽창이 확인된다.

10만 년 이후는 우주 속의 물질의 요동(시간적으로 균일하지 않은 것)이 크고, 밀도가 높은 곳은 은하성단을 형성해 간다. 또는 수소원자의 무리들이 모여들어 거기에 새로운 성단을 형성해 간다. 공간은 확대하고 수소, 헬륨 등의 분자가 형성되어 만유인력 때문에 물질이 부분 부분에서 집합하여 개벽 후 10만 년에서부터 150억 년 사이에 방대한 수의 은하성단이 만들어졌으리라는 것은 쉽게 상상할 수 있다.

우주 공간의 여기저기에 요동에 의해 은하가 만들어졌다면, 태곳적(즉 개벽 직후) 많은 우주가 만들어지지 않았을까 하는 의문도 생긴다. 사실 그런 이론도 많이 제출되었고, 그런 사람 중의 하나로 호킹이 있는데, 그의 이론은 뒤에서 자세히 설명하기로 한다.

처음에 상호 작용이 있었다

우주 탄생 후의 그 진화 과정은 결코 우주물리학만의 필요성에서 연구된 것은 아니었다. 물리학의 중심 과제인 소립자론을 추진시켜 나갔을 때, 좋든 싫든 우주개벽의 시기로 거슬러 올라가지 않을 수 없었던 것이다. 극단적으로 작은 소립자의 연구에 광대한(물론 개벽 때는 작았다……고 생각했었지만) 우주를 연류 시켜, 현재는 이 양자를 수레의 두 바퀴처럼 하여 자연계의 궁극이 연구되고 있다는 것은 참으로 흥미롭다.

소립자론이란 당연한 일이지만, 물질을 작게 분할해 가면 결국은 무엇에 다다르게 되느냐는 것을 연구하는 학문이다. 그리고 앞에서도 말했듯이, 현재는 6개의 경입자와 6개의 쿼크가 제안되어 있다. 그러나 여기서 좀 더 속 깊이 (관념적이라고나 할까) 생각해 보기 바란다. 우리가 이 세상에 이러이러한 입자가 존재한다고 인정하기 위해서는 그 입자를 관찰하지 않으면 안 된다. 육안으로는 도저히 보기 어렵다고 한다면 현미경을 사용한다. 그래도 안 되면 안개상자라든가 기포상자를 이용하여 비행기운(飛行機雲)과 같은 비적(飛跡)에 의해서 확인해도 된다. 비행기운이 형성된다는 것은 입자가 과포화한 수증기와 충돌하는(이것을 상호 작용이라고 한다) 것을 말하며, 또 형성된 작은 물방울로 산란된 빛과 눈의 시신경(視神經)이 상호 작용을 하기 때문이다. 상호 작용이라는 현상이 없다면 모든 것은 투명해져 버리고, 우리는 대상으로서 아무것도 인식할 수가 없다. 철학적인 우회적 표현은 그만두고, 간단히 말하면 상호 작용이 없다는 것은 '물질'이 없다는 것과 꼭 같다. 그러므로 '자연계에는 최초에 소립자가 있었다'가 아니라, '최초에 상호 작용이 있었다'는 것이 된다. 입자가 존재하기 때문에 입자 간의 상관관계(즉 상호작용)가 있다고 생각하고 싶지만, 반대로 상호 작용이 있기 때문에 입자의 존재를 인정하는 것이라고 생각하는 편이 낫다.

그러면 그 상호 작용에 대해 여기서 소립자론을 전개하려는 것은 아니기 때문에 결론만을 말하기로 한다. 센 쪽에서부터 들면,

① 강한 상호 작용

② 전자기 상호 작용

③ 약한 상호 작용

④ 중력

의 네 종류가 된다. 최근의 이야기로는 다섯 번째의 힘이 있다는 설도 등장하고 있으나 아직은 확인되지 않았으며 꽤 미심쩍하다. 여기서는 기준의 추세를 쫓아 이 네 가지 힘을 생각해 보기로 한다.

강한 상호 작용이란, 원자핵을 구성하는 양성자나 중성자의 단단한 결합이라고 말하고 있다. 물론 그것으로 옳지만, 이 핵력(核力)을 잘 알고 있는 사람은 파이 중간자를 매개로 하여 양성자와 중성자가 결합해 있는 것이 아닐까? 그렇다면 강호 상호 작용이란 파이 중간자와 양성자 등의 결합을 말한 것이다…… 라고 될 듯하지만 이 생각은 낡은 것이다. 쿼크의 거동을 알게 된 현재, 파이중간자와 양성자, 중성자나 중간자 사이에는 쿼크의 교환이 일어난다고 하고 있다. 얼핏 보기에는 중간자가 매개하듯이 보이지만 직접 입자 사이를 이동하는 것은 쿼크다.

그러므로 ①의 강한 상호 작용은 쿼크 사이에 작용하는 힘이라고 생각하는 것이 좋다.

전자기 상호 작용은 우리 신변에서 가장 흔히 볼 수 있으며, 전하를 가진 입자 사이에 작용하는 것이다. 그 상호 작용의 매개가 되는 입자는 광

자-전파에서부터 열선, 빛, 엑스선, 감마선을 입자로 간주한 것이다. 신변이라고는 하나, 확실히 신변에는 전기 제품이 많으나 그렇지 않은 것도 많이 있다. 무엇이든 모조리 전자기 상호 작용이라고 해도 되는 것이냐 하고 거꾸로 질문이 나올 법도 하지만, 무엇이든 다 그렇다고 해도 된다.

고체는 원자끼리 또는 분자끼리가 많이 결합하여 일정한 현상을 이루고 있다. 그것은 원자 속의 전자가 이웃 원자의 전자와 여러 가지 방법[공유결합, 금속결합, 이온결합, 반 데르 발스(J. D. van der Waals) 결합 등]으로 결합해 있다. 전기와는 전혀 관계가 없을 듯한 물질이라도 역시 구성 원자 속의 전자가 물질 구성의 원인으로 되어 있다. 그뿐더러 인간의 몸이 이와 같이 형성되어 있는 것도, 원자가 전자의 힘에 의해 커다란 유기 분자를 만들고, 그것들이 다시 전자의 힘으로 결합하여 손발, 머리, 얼굴이 만들어져 있다. 요컨대 생물이 생물로서의 형태를 보전하고 그 나름의 기능을 갖는 것도 모두 원자핵 주위의 전자 덕분이라고 생각하지 않으면 안 된다. 전자기 상호 작용의 덕분으로 인간은 이 세상에 삶을 누리고 있다(물론 다른 상호 작용도 있어야 하지만)고 해서 조금도 이상할 것이 없다.

①과 ②의 세기의 비는, 화학 반응 등에서 원자나 분자 1개가 관여하는 에너지는 약 1전자볼트(eV, 즉 10^{19}줄) 정도이다. 이것에 대해 원자핵의 붕괴라든가 융합은 메가전자볼트(MeV, 100만 전자볼트)의 단위로 계량된다. 이것으로부터도 강한 상호 작용은 전자기의 그것과 비교해서 엄청나게 크다는 것이 납득될 것이다. 석유나 석탄을 사용하는 발전에너지는 전자기 상호 작용에 의한 것이지만, 원자력을 사용할 경우는 강한 상호 작

용이 문제가 된다.

나머지 두 가지 힘

약한 상호 작용이란, 예컨대 중성자가 그대로 양성자로 변화하는 것과 같은 경우를 말한다. 신변의 예로는 적으나, 물리학의 교과서에는 자주 거론된다.

위의 반응 외에 소립자 간의 변화에는 약한 상호 작용이 꽤 많다. 그러나 그것은 전자기 상호 작용과 비교하여 10만분의 1, 강한 상호 작용과 비교하면 1,000만분의 1이라고 하는 약하기이다. 이 약한 상호 작용을 매개하는 입자로서는 스티븐 와인버그(Steven Weinberg, 1933~2021)와 압두사 살람(Abdus Salam, 1926~1996) 등에 의해 위크보손(weak boson)이라는 입자가 제창되었고, 프랑스(실제는 프랑스와 스위스의 국경에 걸쳐 있다)의 세른(CERN)이라는 연구소의 대형 하전입자(荷電粒子) 가속기를 사용하여, 이탈리아의 실험 물리학자 카를로 루비아(Carlo Rubbia, 1934~)가 거느리는 팀이 이것의 검출에 성공했다.

④의 중력은, 앞의 세 가지 비해 까맣게 작다. 우리는 일상 골프든 야구든 공을 힘껏 던지고 있으나, 이들 힘에 관계하고 있는 것은 네 가지 중 ④의 중력인 경우가 대부분이다. 이렇게 보편적인 힘이 다른 세 가지와는 그렇게도 다른 것일까?

바로……그렇게도 다른 것이다.

이를테면 양성자를 접근시켜서 2개를 배열하면 전기적인 척력이 작용한다. 이것이 ②의 전자기 상호 작용이다. 그런데 같은 양성자 2개의 사이에는 만유인력, 즉 ④의 중력도 작용하고 있을 것이다. 만유인력은 한쪽이 지구만큼이나 질량이 큰 것이기 때문에 우리는 무겁다느니 가볍다느니 하고 느끼지만, 소립자 사이의 만유인력(질량에 원인하는 힘) 따위는 대단한 것이 아닐 것이라고 생각되고 또 바로 그러하다. 질량 간에 작용하는 힘은 전자기적인 힘에 비교하면 까마득히 작다.

그런데도 불구하고 통상의 역학 등에서 '무게'가 문제가 되는 것은, 질량이 한 종류밖에 없기 때문이다. 그리고 이 질량은 서로 끌어당긴다. 그러므로 인간의 매일 생활이라든가, 천체 간의 힘 따위에서는 질량의 집단이 효과를 발휘하게 되어 중력은 크게 필요한 것으로 된다. 한편, 전하 쪽은 잘 알려졌듯이 양(플러스)과 음(마이너스)의 두 종류가 있다. 그러므로 큰 물체에서는 반드시라고 할 만큼 양자는 상쇄하여 그 효과가 나타나지 않는다. 따라서 통상 생활에서는 -전기 기구는 따로 하고- 전자기력은 나타나기 어렵다. 왜 전하는 두 종류이고, 질량은 한 종류인지는 물리학에서 해결하지 않으면 안 되는 수수께끼이다.

아인슈타인의 소원

우주 탄생 이후의 경과를 설명하는 도중에 끼어들어, 소립자론에서 문제가 되고 있는 네 가지 힘을 이야기했다. 그러나 이 네 가지 힘을 설명하기 위해서, 어떤 의미에서는 우주론이 발달한 것이라고도 말할 수 있다.

이야기를 좀 크게 잡는 것이 아닌지 모르지만, 자연과학이란 무엇일까? 특히 물리학이란 무엇을 어떻게 생각해 나가면 좋은 학문인가를 생각해 보기로 하자.

이것은 차라리 화학 분야가 되겠지만, 가령 수소와 탄소와 금은 어떻게 다르냐고 하는 것은 물질을 식별하는 데에서 중요한 사항이다. 각인각색으로 기체와 고체의 차이, 단단하기의 차이, 도전성(導電性)의 용이성, 심지어는 값의 차이들을 들어 말한들 별 도리가 없다. 그처럼 성질은 여러 가지로 다르지만 셋은 모두 원자로부터 이루어져 있고, 그 원자핵은 수소에서는 양성자가 1개, 보통의 탄소에서는 양성자 6개와 중성자가 6개, 금에서는 양성자 79개와 중성자가 118개, 그리고 전자의 수는 모두 양성자의 수와 같다고 설명했던 것이다. 금이 지나고 있는 양성자도 수소의 그것과 꼭 같은 것이다. 얼핏 보기에는 전혀 성질이 다른 이들 원소를 양성자니 중성자니 하는 것이 수의 차이에 불과하다고 간파한 것은 연구로서 큰 성공이며, 과학이라는 것은 이와 같은 방법으로 사물을 해결해 가는 것이다.

그래서 물리학에서도 궁극적인 입자는 비교적 적지 않을까 하여, 결국은 6종류의 쿼크와 6종류의 경입자에 도달했다. 그러나 입자 그 자체보다

그림 3-2 | 의학대학의 모형을 기증받은 75회째 탄생일 때의 아인슈타인

도 상호 작용 쪽이 더 본질적이라는 것은 앞에서 설명했다. 그렇다고 하면 현재의 물리학의 궁극 과제는 일견 아무 관계도 없이 보이는 네 종류의 상호 작용(힘)을 어떻게든지 통합해 보고 싶다. 결국은 기원을 하나로 하는 것임을 확인하고 싶다는 방향으로 나아가, 많은 소립자론학자는 네 종류 힘의 유사성이라든가 공통성, 그 밖의 여러 가지 면으로부터 검토해 착수했다. 질이 다른 네 가지 힘을 무언가 양적인 차이로써 설명할 수는 없을까 하고 생각하고 있는 것이다.

역사적으로 말하면, 먼저 이 문제에 정면으로 대결한 사람은 아인슈타인이다. 그는 전자기력과 중력을 같은 개념 아래에 통일해보려고 시도했다. 물론 일반 상대론을 발표한 후이며, 그는 이것을 필생의 작업으로 삼았다.

만유인력의 식과 전기력 또는 자기력의 식은 어느 것도 다 쿨롱형이라고 하며, 서로 흡사하다. 한쪽은 전기량, 다른 쪽은 질량이 힘의 근원으로 되어 있으나, 이렇게 유사한 식이 있는 이상 그 기원이 다를 리 없다. 전자기나 중력에 대해서도 공통의 식이 쓰여서 당연하지 않겠는가?

상대론이라고 하는 일반인은 생각도 못할 이론을 수립한 아이슈타인은, 1933년에 미국의 프린스턴으로 건너간 이후 1955년 76세로 세상을 떠날 때까지 양자를 통일적으로 기술하는 방법을 궁리했다. 전자기력과 중력과의 차별 철폐에 뜻을 다했던 것이다.

전자기파에 대해 한쪽은 중력파라고 말하듯이 평행적으로 논급되는 부분도 많지만, 아인슈타인의 이 노력은 참으로 유감스럽게도 결실을 보지 못했다. 그는 앞에서 말한 힘의 분류에서 ②와 ④의 통합만을 고집했으나, ②와 ③또는 ①과의 관계를 먼저 조사해야 했다고 하는 것이 후세 사람의 비판이다. 그가 한 통일장(統一場)의 이론이라는 말은 그대로 남겨졌으나, 현재는 ②의 전자기력과 ③의 약한 상호 작용을 '통일적으로' 설명하기 위한 이론이라는 뜻으로 사용되고 있다.

현재 ②와 ③과의 통일장이론은 앞에서도 말했듯이 와인버그와 사람에 의해 확립되었고, 다시 쿼크의 상호 작용마저도 통일적으로 설명하려는 이론을 '대통일장이론(大統一場理論)'이라고 부른다. 거기에다 또 하나의 중력까지 더불어 설명하려는 시도가 초중력이론(超重力理論) 등으로 불리기도 한다. 초중력이론에 소립자론으로부터 다가선다는 것은 아직도 까마득하다는 느낌이 들지만[실험 장치로서 우주 규모의 환상(環狀) 하전입자 가속기가 필요하다고 한다], 대통일장이론 쪽은 많은 물리학자에 의해 추진되고 있다.

이렇게도 황급하게

제3장에서는 우주의 성립을 돌이켜보았다. 그리고 그것이 소립자론의 중심 테마인 각종 상호 작용의 이야기로 되어버렸다. 그것은 상호 작용 중 대통일이론이라든가 초중력이론 등이라는 것이 정말로 이 세계에 있었느냐고 하는 문제가 된다. 이론상 그렇게 되는 것은…… 실제로도 그런 현상이 있었을 것이 틀림없다고 생각하고 싶다. 그러나 현재의 우주 공간에서는 도저히 불가능하다. 상호 작용을 동일시하는 근원을 더듬어 가보면, 에너지가 엄청나게 큰 입자의 존재를 필요로 한다. 그렇다고 하면 생각할 수 있는 것은 우주의 창성기, 즉 그것이 불덩어리였던 무렵이다.

이와 같은 소립자론을 설명하기 위해 우주의 시초는 현재로부터 과거로 거슬러 올라가 생각되었다. 10^{-44}초라든가 온도의 10^{32}K라든가 하는 엄청난 값은, 어떤 의미에서는 통일 원리의 역산으로부터 추정된 것이라 할 수 있다. 이러한 힘의 분리에 주안을 두고 우주의 창성을 다음에서 다시 한번 검토해 보자. 원래라면 현재로부터 과거로, 또 그 과거로 되돌아 감에 따라서 우주의 온도는 높아지고, 네 종류의 힘은 차츰 통합되어가는 것이지만, 혼란을 피하기 위해 지금까지와 마찬가지로 탄생에서부터 시작되는 시간적 경과를 더듬어 보기로 한다.

▸ 첫 번째 상전이 10^{-44}초 후 10^{32}K

탄생에서부터 여기까지 힘에는 전혀 구별이 없고, 원시적인 힘이라고도 할 만한 것이 유일하게 있었을 뿐이라고 생각된다. 그리고 여기서 우선 중력이 분리되었다. 중력의 분리는 이같이 빠르고, 따라서 다른 힘과는 여러 가지 면에서 다르며, 특히 양적으로 크게 다르다.

▸ 두 번째의 상전이 10^{-36}초 후 10^{28}K

여기서 강한 힘이 분리된다. 지금까지는 쿼크와 경입자가 각각 완전히 흩어져서 돌아다니고 있었으나 차츰 양자가 구별된다. 그리고 인플레이션 팽창이 일어나, 입자와 반입자(反粒子)가 충돌하여 에너지로 변화한다. 이때 반입자보다도 보통의 입자 쪽이 근소하게 많았기 때문에, 후에 통상 입자로써 이루어지는 세계가 형성되게 된다.

▸ 세 번째의 상전이 10^{-11}초 후 10^{15}K

여기서 약한 힘이 분리된다. 즉 이 세 번째 상전이 후는 완전히 네 종류의 힘으로 갈라지게 된다.

▸ 네 번째의 상전이 10^{-4}초 후 10^{12}K

이제는 힘의 분리는 일어나지 않는다. 이 상전이에서 맨몸으로 돌아다니고 있던 쿼크를 가두어 넣기 시작한다. 따라서 이 시기 이후 우주의 물질은 현재의 소립자 모습으로 된다.

놀랄 만큼 짧은 시간에 모든 일이 끝났다. 너무나도 짧은 순간성에, 처음 듣는 사람은 크게 놀라고 또 의심의 눈을 돌릴 것이다. 그러나 현재 문제로 삼고 있는 자연계의 '힘'은, 이와 같이 우주 탄생 후 지극히 짧은 시간 동안에 갈라져 나갔다고 생각하지 않으면, 도무지 설명이 안 되는 것이다.

'유구한 우주'라고 말하고 있지만 천만의 말씀, 힘의 형성은 이렇게도 부산하게 이루어졌던 것이다.

우주의 최초에는 10^{-33}센티의 소우주가 있었고, 시간으로 말하면 10^{-44}초라고 하는 짧은 시간이 존재했다. 관념상으로는 시간은 얼마든지 잘게 분할할 수 있을 듯 생각되지만, 적어도 물리적으로는 10^{-44}초보다 짧은 시간은 존재하지 않는다.

아니, 존재하지 않는다고 하기보다는 그것이 인간의 지혜의 한계라고 하는 편이 나을지 모른다.

4장

모든 것은 양자론적 시간으로부터

4
모든 것은 양자론적 시간으로부터

불확정성원리

아이작 뉴턴(Issac Newton, 1642~1727)은 빛을 입자라고 생각하고 있었으나, 네덜란드의 크리스티안 호이겐스(Christian Huygens, 1629~1695)는 운하의 수면에 퍼져나가는 파문을 보고 빛의 파동설(波動說)을 주장했다.

파동설은 그 후에도 진 프레넬(Augustin Jean Fresnel, 1788~1827), 토마스 영(Thomas Young, 1773~1829), 진 푸코(Jean Bernard Leon Foucault, 1819~1868) 등의 물리학자에 의해 보다 확실해졌다. 예컨대 빛이 금속면에 충돌하면 전자가 튀어나간다고 하는 현상(광전효과)은 빛을 단순한 파동으로 생각하면 설명이 안 된다. 빛은 일정한 에너지를 가진 탄환(알갱이)이라 하지 않으면 계산이 들어맞지 않는 것이다.

또 지난 세기 초 원자의 구조가 밝혀졌는데, 핵을 둘러싸는 전자의 에너지도 일정한 띄엄띄엄 한 것밖에 취할 수 없다고 생각하지 않으면 나오는 빛의 파장은 설명할 수가 없다.

1900년대가 되자 낡은 물리학에서는 예상조차 하지 못했던 현상이 나타나기 시작했다. 그리하여 1910년대, 제1차 세계대전이 한창이던 때에 중립국인 덴마크에 닐스 보어(Niels Henrik Bohr, 1885~1962)라는 물리학자가 나와, 시대에 걸맞은 새로운 물리학을 만들어 나갔다. 이리하여 만들어진 것이 전기(前期) 또는 고전(古典) 양자역학이라 불리는 것이다. 다만, 전기 양자역학은 뉴턴역학에 약간의 조건식(條件式)을 첨가하여 연속적인 물리량(예를 들어 열이라든가 밝기라든가)을 띄엄띄엄한 것으로 한 것에 지나지 않았다.

제1차 세계대전도 끝나고 유럽이 안정되었을 무렵, 패전국인 독일도 아니고 승전국인 영국도 아닌 그 중간에 해당하는 코펜하겐에, 활기에 넘치는 물리학자들이 모여들었다. 1920년대에는 독일의 베르너 하이젠베르크(Werner Karl Heisenberg, 1901~1976), 스위스의 볼프강 파울리(Wolfgang Pauli, 1900~1958), 영국의 폴 디랙(Paul Adrian Maurice Dirac, 1902~1984)이 보어에게 사사(師事)하여 새로운 양자역학을 형성했다. 그리고 그 기초는 불확정성원리(不確定性原理)라고 해도 된다.

불확정성원리는 하이젠베르크에 의해 1926년부터 1927년에 걸쳐 제창된, 극미(micro) 세계의 기본 법칙이다. 원자 또는 더 작은 전자 등은 그 위치 x를 관측하여 확정시키면 그 운동량 p(입자의 질량과 속도를 곱한 것)를 모르게 된다. 반대로 p를 관측하여 확정시키면 x를 모르게 된다. 한쪽의 판명도가 100%라면 다른 쪽은 0%이다.

그래서 타협을 하여 위치 x에 불확정성을 허용하고, 그 불확정성을 Δx (Δ는 델타라 읽고, 오차의 폭 등을 나타내는 데에 사용된다)로 하면, 그것에 따라서 운동량 p 의 불확정성 Δp가 정해진다. 이와 같이 양자에게 모두

그림 4-1 | 의학대학의 모형을 기증받은 75회째 탄생일 때의 아인슈타인

적당한 불확정성을 갖게 했다면, 그 불확정성의 곱이 플랑크상수 h(양자
역학의 산모 플랑크에 연유하여 붙여진 것) 정도가 된다고 하는 것이 불확정성
원리다.

$$\Delta x \cdot \Delta p \approx h$$

로 쓸 수 있다. 등식으로 하지 않고 거의 같다(≈)라는 기호를 사용한 것
은, 불확정성의 범위(Δx나 Δp의 크기)를 어떻게 정의하느냐에 따라 다소의
차이가 나오기 때문이지 본질적인 것은 아니다. 가령 입자의 존재 확률을

0.5 이상의 범위에 한정시킨다든지, 더 느슨한 조건으로 하여 $\varDelta x$의 범위를 크게 한다든지는 연구자에 따라 다른 것이다. 또 책에 따라서는 오차의 곱의 상한만을 지정하여 부등호(不等號)로 하는 것도 있다. 또 플랑크상수는

$$h = 6.6 \times 10^{-34} \ \text{J} \cdot \text{s} \ \text{(줄과 초의 곱)}$$

이라고 하는 상식적으로는 작디 작은 수가 된다.

불확정성원리의 식은 물리학에서 자주 나오는데, 도대체 그 효용은 어디에 있느냐고 질문할 독자도 있을지 모른다. 그 하나는 이런 데에 있다.

고체에서는 그것을 구성하는 많은 작은 원자가 규칙적으로 배열되어 있고, 더욱이 그들 원자는 좁은 범위에서 진동하고 있다. 그 진동-격자 진동이라 불린다-은 고체의 온도가 높아질수록 거세진다. 반대로 온도가 낮아지면 원자의 운동은 얌전해진다. 그 진동의 세기는 절대온도(-273℃가 절대영도에 해당한다)까지 내려가면, 규칙적으로 배열된 원자는 까딱도 않고 정지해버릴 것이다. 절대영도보다 낮은 온도는 이 세상에는 존재하지 않으며, 온도란 바로 작은 입자가 운동하는 -원자의 진동이 세찬 고체에 닿으면 우리는 뜨겁다고 느낀다- 이상 모든 것이 모조리 멎어버린다고 하는 것이 절대영도의 으스스한 정적의 세계다.

그러나 현실은 그렇지가 않다. 절대영도에서도 운동이 딱 멎어버리지는 않는다는 주장이 바로 불확정성 원리다.

고체 속의 원자는 좁은 영역(옹스트롬, 즉 10^{-10}m 정도) 속에 갇혀 있다. 그것은 곧 원자의 위치는 비교적 확실히 알고 있다는 것이다. 앞의 식에서 말하면 $\varDelta x$는 작다. 그러면 h는 일정한 양이므로 당연한 일로 $\varDelta p$는

커진다. 원자가 고체 상태로 결정을 형성하고 있다고 하는 것 때문에 어느 원자도 상당한 정도의 운동량을 갖게 되는 것이다.

운동량의 제곱을 질량으로 나누고, 다시 그것을 절반으로 한 것이 운동에너지이다$[(\Delta p)^2/2m]$. 요컨대 좁은 장소에 부분적으로 존재하는 원자는 운동에너지를 갖지 않을 수 없다. 이것은 원자가 온도에 관계없이(즉, 아무리 찬 경우라도) 소유하는 것이며, 그 때문에 이것을 제로점(0점)에너지라고 부른다.

원자의 진동수를 뉴(ν)로 할 때 원자의 무게라든가, 진동 때의 용수철 상수에 관계없이 제로점 에너지는 $h\nu/2$로 된다. h는 물론 플랑크 상수이다(다만, 이것은 한 방향만의 에너지이며, 결정 속의 원자는 3차원 공간에서 운동하고 있으므로 실제로 이것은 3배가 된다.)

그러므로 원자의 진동에너지는 $h\nu$의 0배나, 1배나, 2배로 되는 것은 아니고, $h\nu/2$ 만큼의 보너스(?)가 무조건으로 붙어서 $h\nu$의 1/2이나 3/2이나 5/2……로 된다.

불확정성이 안 되는 메커니즘

이와 같이 불확정성원리라는 것은 설사 절대0, 즉 이론상으로는 에너지가 전혀 없어야 할 것에 대해서도 스톱을 건다. 양자론이라는 것은 '사물을 양자론적으로 생각하지 않으면 안 된다'라고 하는 이유만으로, 거기에 '에너지'가 존재해 있는 것으로 되는 것이다. 또 시간 t는 상대론적으로 말하면 3차원의 공간적 위치에 이어지는 네 번째의 차원이다. 운동량(그 것에는 세로, 가로, 높이의 세 방향이 있다)의 네 번째의 성분은 해석역학에 따르면 에너지 E라는 것을 알고 있으며, 이 양자 즉 시간과 에너지 사이에도 당연히 불확정성원리는 성립하는 것이다. 각각의 존재(?)영역을 Δt, ΔE라고 하면

$$\Delta t \cdot \Delta E \approx \hbar$$

이며, 불확정성원리라고 하면 이 식도 네 번째의 관계를 가리키는 것으로서 이해해 두지 않으면 안 된다.

보통 양자역학을 학습할 경우에는 먼저 원자 내 전자의 에너지 수준은 확실히 정해진 것으로서 배운다. 원자핵 주위를 공전하는 전자는 그 공전 반경이 작을수록 에너지가 낮다. 그러므로 원자 내에서 전자가 큰 궤도로부터 작은 궤도로 도약하면 꼭 그 차액만큼의 에너지를 가진 빛이 나와서 휘선(輝線)스펙트럼을 가리킨다고 하는 것이 교과서에 씌어 있는 일반론이다.

원자 문제뿐만 아니라 상자 속의 분자 운동에너지 등에 대해서도, 지금까지는 딱 정해진 값으로서 계산하여 왔다. 그것을 불확정성원리가 있다고 해서 이제 와서 새삼스럽게 에너지의 값은 일정하지 않으며 ΔE 정도로 불확정적인 것이라고 한들 그것은 꽤나 이상한 이야기가 아니냐고 하게 될 것 같다.

이것은 물리학에서 일반적으로 다루어지고 있는 경우는 정상 상태이기 때문이다. 정상 상태라고 하는 것은 시간이 아무리 경과해도 줄곧 같

은 상태가 유지되는 것을 말한다. 바이올린의 현과 같은 것이 보통으로 진동할 때는 움직이지 않는 장소(이것을 마디라고 한다)는 영원히 움직이지 않고, 잘 진동하는 장소(배라고 부른다)는 시종 일관 잘 진동한다. 원자핵 주위의 전자 궤도 또한 언제나 일정하다. 그 밖에도 정상 상태는 여러 가지 현상에서 볼 수 있으며 헤아리자면 한이 없다. 물리학에서는 비정상 상태가 다루기 어렵고, 따라서 물리법칙을 내세우기 어려운 비정상 상태 쪽은 교과서에 실려 있는 일이 적다.

이와 같이 정상 상태라고 하는 것은, 언제든지 그렇게 되어 있다고 하는 현상을 말하는 것이므로 특히 시간을 지정하는 일은 없다. 즉 시간의 폭 Δt는 무한히 크다는 것을 의미한다. 이 경우 아무것도 변화하지 않으므로 시간은 존재하지 않는다는 표현도 할 수 있을 것이다. 그렇게 되면 불확정성원리에 의해 ΔE는 아주 적고 에너지는 정확히 정해져 버린다. 양자역학에서 다루는 대부분의 문제는 정상 상태(즉 언제나 그렇게 되어 있는)이며, 그 대신 에너지의 값(양자역학에서는 고유값이라고 한다)은 한정되어 있어 불확정성이라는 것은 없다.

중간자의 마술

양자역학을 학습하면, 자칫 '에너지란 일정한 것'이라는 개념에 지배되어 버린다. 정상 상태만을 다루어 왔기 때문이다. 그러나 가령 아주 적은 시간이라면 에너지는 크게 바뀌어져 버린다. 아무것도 없는 곳에 에너지가 나타나는 것이다. 그것의 대표적인 예로 유카와 히데키 박사가 제창한 '중간자'가 있다.

원자핵 속의 양성자나 중성자로부터 중간자가 튀어나와 다른 양성자 또는 중성자로 뛰어든다······이 메커니즘에 의해 핵자(核子: 핵의 구성 입자)끼리가 단단히 결합한다는 것이 중간자론(中間子論)이다. 그러나 원자핵의 무게는 정밀하게 측정되어 있는데, 대충 양성자와 중성자 무게의 합으로 되어 있다. 대충이라고 단서를 붙인 것은, 입자가 결합할 때에 에너지를 방출하고 이 에너지는 곧 질량이므로, 아주 근소하게나마 입자 무게의 합으로서의 질량보다도 실제의 질량이 작은 일이 많기 때문이다. 이것을 질량결손(質量缺損)이라고 부르는데, 핵의 전체 질량에 비교하면 그 비율은 두드러지게 된다.

유카와 박사의 중간자는 그 질량이 양성자 질량의 1할 이상이나 있으며, 만약 원자핵 속에 이런 무거운 입자가 포함되어 있다고 한다면 큰일이다. 원자량(이것은 거의 원자핵의 무게와 같다) 따위는 엉망진창이 되어버린다. 화학 교과서 등에 표로 하여 실려 있는 원자량 등의 값은 물론 중간자의 무게를 뺀 수치다.

그래서 중간자에 대해서는, 불확정성원리로부터 도입된 에너지(잘 알려진 식 $E=mc^2$으로부터 그것은 질량이라고 생각해도 된다)가 생각되었다.

중간자의 존재 시간은 원자핵 안을 빛이 통과할 정도의 시간이며, 10^{-24}초 정도가 된다. 불확정성원리의 식으로부터 이때의 에너지의 불확

그림 4-2 | 컬럼비아대학에서 강의 중인 유카와 박사

실성 ΔE는 10^8전자볼트 남짓, 이것을 질량으로 환산하면 전자 질량의 2백 수십 배가 된다. 즉 아주 순식간이라면 아무것도 없을 터인 장소에 전자의 수백 배나 되는 질량이 존재해도 되는 셈이다. 원자핵의 무게는 여차여차하다고 표현하지만, 양자론에 의하면 존재 시간이 짧으면 짧을수록 큰 에너지가 있어도 된다는 것이다.

무에서부터 왜 대팽창이 일어나는가?

우주는 너무나도 광대하고, 양자역학을 적용할 수 있는 대상은 너무나도 적어서 양자는 서로 받아들일 수 없는 것으로 생각되어 왔다. 그런데 우주론에서 터무니없는 짧은 시간이 문제시 됨에 이르러, 우주의 창성기에 관해 양자론이 커다란 역할을 수행하게 되었다.

외계와 교섭이 없는 하나의 계를 생각하면, 거기서의 에너지 전체의 합은 불변한다고 하는 것이 에너지 보존법칙이다. 그것은 물리학뿐만 아니라 자연과학 전반의 대원칙인 듯한 느낌이 드는데, 양자론은 사정없이 그런 관념을 불식해버린다. 그리고 우주 탄생에서부터 빅뱅까지의 10^{-44} 초에 불확정성원리를 적용해 보면, 그 에너지는 중간자 1개의 10^{21}배, 즉 1조 배의 또 10억 배라는 것이 된다.

우주는 무에서부터 출발했다고 하는데, 무로부터 어째서 저 같은 에너지가 솟아 나오는지 의문을 품는 것은 당연하다. 물론 우주 초기의 진공 상태가 어떤 것이었는지는 큰 수수께끼이다. 지극히 짧은 시기 동안 진공이라 불리고 있던 것의 실체는 어떠한 것이었느냐는 질문을 받은들, 현대의 지식만으로는 완전히 설명할 수가 없을 것이다. 그러나 불확정성원리를 생각해 보면 무로부터 에너지가 뿜어져 나오는 것은 결코 모순된 일이 아니라는 것을 이해하기 바란다.

그런데 갇혀진 에너지가 팽창하여 빅뱅이 되고, 특히 대폭발을 하여 인플레이션을 일으켰다. 갇혀져 있던 에너지는 아마도 불완전한 상태였을 것이 틀림없다. 이것을 양자역학적으로 설명하려는 방법도 있다.

일반적으로 세숫대야 속에 있는 물은 수면이 그릇의 가장자리보다 낮으면 넘쳐흐르는 일이 없다. 그러나 양자역학에서는 터널효과라 하여 높은 벽을 뛰어넘어(아니, '뛰어 넘는다'라는 표현은 적절하지 않다. '관통하다'라고 해야 할 것이다.) 저 편으로 가버리는 것이다. 아주 작은 물질에서는 물이 안개처럼 엷은 벽을 관통해 버리는 것이다. 이 같은 실마리로부터 작은 장소에 있었던 우주에너지는 국부에 수용되지 못하고 높은 벽을 터널효과로 관통하여 대확장을 시작했다고 하는 설이 유력하다.

블랙홀의 증발

우주 탄생 후 곧 빅뱅이 시작됐다. 그리고 10^{-36}초에 인플레이션이 일어났다. 이때 무수한 거품처럼 소우주가 튀어나왔고, 그 틈새에 작은 블랙홀이 형성된 것으로 보인다. 그 후 이 블랙홀은 어떻게 되는가. 여기에서 호킹의 가장 저명한 설인 '블랙홀의 증발'을 생각하게 되었다.

별의 임종 상태로서의 블랙홀이 사람들의 입에 오르기 시작한 것은 1960년대다. 물론 일반상대론으로부터 그것은 예상할 수 있었으나, 아인슈타인이 활약하던 무렵에는 그렇게도 밀도가 큰 별은 논외였다. 그런데 1960년대에 여러 가지 일들로부터 이것을 믿게 됐다. 1970년대에는 우주론이 활발해지면서 반드시 큰 블랙홀뿐만이 아니라 작은 것도 있어도

되지 않느냐는 생각을 하게 되었다. 그리하여 당시 우주 연구가의 말을 빌리면,

"스티븐 호킹이라는 젊고 두뇌가 명석한 수리 물리학자가 있다. 그가 블랙홀은 증발해버린다는 놀라운 설을 발표했다"라는 말을 했다.

블랙홀은 한번 형성되고 나면 크게 되는 일이 있어도(커진다는 것은 사건의 지평선의 면적이 커진다-즉 팽창한다는 것) 결코 수축하거나 소실되는 일은 없었다. 그럼에도 불구하고 당시로서는 아직 이름도 없다시피 한 휠체어에 탄 청년학자가 상식을 뒤엎는 발표를 한 것이다. 블랙홀에 관심을 갖고 있던 물리학자들은 크게 놀랄 수밖에 없었다.

병마를 이겨내는 기력

그의 이론의 근거를 설명하기 전에, 호킹이란 학자는 도대체 누구인지 살펴보자.

호킹은 1942년 영국 옥스퍼드에서 태어났다. 생물학자 아버지 밑에서 자란 그는 소년 시절부터 과학자가 되려는 꿈을 품고 있었다. 그러나 특별히 성적이 뛰어났던 것은 아니었다고 한다. 옥스퍼드대학에 들어가서는 보트 선수로 활약했고, 음악을 좋아했다. 우리가 아는 호킹의 이미지와는 사뭇 다른 모습이다. 대학 졸업 후에는 케임브리지의 대학원으로 들어가는데, 여기서 그와 마찬가지로 수학과 물리학을 전공하는 로저 펜

그림 4-3 | 스티븐 호킹

로즈(Roger Penrose, 1931~)를 만나게 된다. 그는 호킹보다 11살 많았으나 두 사람은 우주론의 연구에서 때로는 서로 협력하며, 때로는 서로 겨루어 가면서 새로운 설을 발표해 나갔다.

스포츠맨이었던 호킹은 1962년 20세 무렵, 중동여행에서 돌아오자마자 갑자기 손발이 마비되며 근육통이 시작됐다. 루게릭병(근위축성 측색경화증, 筋萎縮性 側索硬化症)이라는 난치병에 걸린 것이다. 폴리오(유생성 소아마비)보다도 훨씬 무서운 병으로, 몸 전체의 근육이나 신경이 침범당하고 마지막에는 뇌나 심장에까지 피해를 줘서 대개 발병 후 2~3년후면 죽음에 이른다는 것이 의사의 의견이었다. 그러나 그는 지지 않았다. 자신이 하고 싶은 일이 산적해 있다는 의욕이 병마를 극복했다. 그리고 우주에 관한 새로운 연구를 잇따라 발표해 갔다.

그가 휠체어를 사용하게 된 것은 발병 8년 후인 28세 무렵부터다. 그 이전에도 그 이후에도 그는 연구에서 손을 떼지 않았다. 1975년에 블랙홀 증발이론을 발표했고, 이 해에 영국학사원 회원으로 선출되었다. 원래 이 회원에는 업적을 이루어 이름을 드높인 연배자가 많은데, 32세의 젊은 나이로 선출된 것은 파격적이라 할 것이다. 그리고 41세로 케임브리지대학의 최고직인 루카시안 교수로 취임했다. 이 직책은 뉴턴, 그리고 양자역학의 디랙 등 쟁쟁한 인물이 임명된 최고의 명예직이다.

1985년 늦은 봄에는 교토(京都)대학의 사토(左藤文隆) 교수 등의 노력으로 일본에 방문했다. 손가락을 간신히 움직일 때라 휠체어의 단추를 누르면 조수나 보조자가 그것을 보고 말로 고쳐 나갔다. 그리하여 그는 '시간의 화살에 대하여'라는 강연을 마쳤고 청중들에게 큰 감동을 주었다. 시력은 온전하여 주위의 사람들로부터 필요 이상의 도움을 받는 것을 극단으로 싫어했다고 한다. 연구에 바빠서 육체적인 핸디캡 따위에 구애되고 있을 수 없는 그는, 1990년 가을에 다시 일본에 와서 많은 사람에게 강렬한 인상을 주었다. 그리고 1991년 6월에도 일본을 다녀갔다.

진공 속에 태어나는 자석

다시 양자론으로 화제를 돌려본다. 호킹은 양자론적 고찰에 기초하여, 특히 작은 블랙홀이 소실한다는 이론을 정립시켰다.

원래 블랙홀은 사건의 지평선이 확실히 정해진 것이며, 모든 물질도 전자기파도 모두 속으로 빨려 들어가 버린다. 빨아들이기만 할 뿐인 절대적인 공간적 국소였을 것이다. 양자론을 사용했던 것은 아니지만 호킹의 친구인 펜로즈는 조금 다른 시각을 제시했다. 만약 블랙홀이 회전하는 중이라면 물체가 반드시 안으로 들어가는 것은 아니며, 사건의 지평선에서 도약해 바깥으로 튕겨나가는 일도 있다고 말이다.

회전하는 방향과 동일하게 얕은 각도로 사건의 지평선에 물체가 뛰어든다면, 블랙홀이 '요것 잘 걸려들었다'하고 삼켜버린다. 블랙홀은 이 물체의 운동에너지를 받아 한층 성장해 간다. 그러나 회전과 반대 방향으로 뛰어들려 한 물체는 어떻게 될까? 중력은 구의 중심으로 향하고 있는 것이 아니라 회전 방향으로도 향하고 있다. 그 때문에 물체는 블랙홀에 거역하고 그 회전에너지를 소실시키려 한다. 이때 회전체는 충돌한 물체 또는 그 일부분을 튕겨내게 된다.

즉, 다소 복잡한 이유로 블랙홀이 회전하고 있는 경우에는 사건의 지평선이 '반드시 엄밀하게 빛을 삼켜들이는 극한적인 면'이라고 말하기는 어렵다. 펜로즈에 의해 지적된 블랙홀의 복잡한 특성이다. 그런데 여기에 호킹이 등장한다. 펜로즈의 설은 어디까지나 역학적, 즉 고전적인 현상이

그림 4-4 | 재규격화이론으로 노벨상을 받은 도모나가 신이치로 박사

지만, 사물은 모조리 양자론적으로 생각하지 않으면 안 된다고 하는 것이 호킹이 지금까지 주장해 온 것의 골자인 것이다.

앞에서도 귀찮도록 말했지만, 진공이라고 하는 공간이 있더라도 극히 짧은 시간이라면 거기에 에너지가 존재해도 된다. 이를테면 순간적으로 무에서부터 어떤 입자와 그 반입자가 생기고(에너지는 질량과 같은 것이므로, 에너지가 나타나는 건 질량을 갖는 작은 입자가 생기는 것을 의미한다) 즉시 사라져 버리는 일은 있을 수 있다. 아니 가능할뿐더러 그것이 양자역학이라는 자연의 법칙에 입각한 현상이다.

이야기가 약간 옆길로 빗나가지만, 70~80년 전에 소립자의 연구자는 특히 전자의 빛(이 경우는 입자로서의 광자)을 뱉어내거나 빨아들이거나 하는 이른바 전자광자의 상호 작용이라고 하는 장(場)의 이론과 씨름하고 있었다. 물론 완성된 양자역학을 유일한 무기로 하여, 이것을 구사하여 여러 가지 작은 현상을 풀어나갔던 것이다.

그리고 적절하게 양자역학이 사용되었으나 곤란한 문제가 생겼다. 그 한 예로서 지금 여기에 진공의 공간이 있다고 하자. 당시는 결코 우주론 따위를 다루고 있었던 것은 아니므로 적당한 크기의 용기 속을 생각하면 된다.

그런데 양자역학에 따르면 그 진공 속에 전자와 플러스의 전하를 가진 그것의 반입자, 즉 양전자(陽電子)가 창성되는 것이다. 그때 양과 음 전하의 중심이 겹쳐져 있으면 문제는 없다. 보통의 원자는(강한 전기장 속에라도 들어가지 않으면) 모두 그렇게 되어 있다. 그리고 양전하와 음전하가 떨어져 있는 것을 전기쌍극자(電氣雙極子)라고 부른다. 그것은 손으로 가질 수 있을 정도의 막대이든, 분자 정도 크기의 것이든 좋으나(원자가 아니고 분자는 수증기처럼 처음부터 쌍극자를 갖는 것도 있다) 어쨌든 크게 상관없이 쌍극자 모멘트(양 극의 세기와 거리를 곱한 값)를 가진 것을 그렇게 부른다. 마치 N극과 S극으로 갈라져 있는 막대 자석과 같은 것이라고 생각하면 된다.

그런데 진공의 공간엔 아무것도 없을 터인데도, 전기쌍극자가 생긴다. 이것을 진공이 분극(分極)한다고 한다. 전자와 양전자의 쌍이 한 쌍이기는

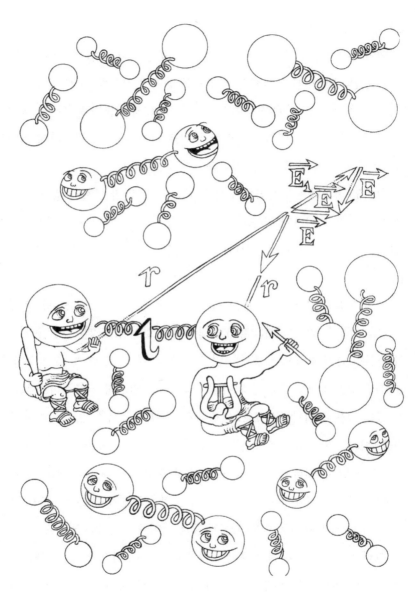

공간은 쌍극자 투성이

커녕 여러 개가 생기는 것이다. 생성된 쌍극자가 아들쌍극자, 손자쌍극자
를 만들어 공간은 쌍극자 투성이가 되어버린다. 이것을 공간의 분극률(分
極率)이 무한대가 된다고 한다.

상식적으로 아무것도 없는 장소에 무한대의 분극률이 어떻게 생기는
지 의심하겠지만, 양자역학을 성실하게 해석하면 그와 같은 결과가 도출
된다. 참으로 곤란한 일이지만, 어찌할 방법이 없다. 많은 학자가 양자역
학 이론 자체에 결함이 있지는 않나 검토했지만, 양자역학은 '정말 완벽하
게 만들어졌구나' 하고 생각할 만큼 비난의 여지가 없었다. 이것이 장의
이론을 가장 괴롭혔던 문제다.

도모니가 신이치로(朝永振一浪) 박사는 재규격화이론(재규격화이
론:renormalization theory)이라는 멋진 방법을 채용했다. 무한대로부터 무
한대를 빼서 유한한 값으로 했다. 그리고 무한대 분극 또는 그 밖의 경우
에 나타나는 무한대는, 결국 전자 1개의 질량만이 이론상으로 무한대라
고 하게 되면 나머지(의 무한대)는 앞뒤가 잘 들어맞는다는 것을 제시했다.
그리고 현실의 전자 질량으로서는 실험으로부터 측정된 참값을 채용하기
로 했다.

반입자만이 삼켜 들여지고……

이와 같이 양자역학은 다른 면에서 기묘한 성격을 지니고 있다. 그러

나 기묘하기는 해도, 이토록 미세한 세계를 교묘히 설명할 수 있는 방법은 그밖에 찾지 못했다. 그 기묘함은 기묘하기 때문에 오히려 진실이라고 생각되는 것이다.

이야기가 진공분극으로 빗나갔지만 이들 현상을 블랙홀의 주변, 즉 사건의 지평선의 바로 바깥쪽에 적용해 생각해 본 것이 호킹이다. 사건의 지평선 바로 바깥쪽에서 양자론의 법칙을 따르면 진공으로부터 입자와 반입자(反粒子)가 생긴다. 그리고 반입자만이 블랙홀 속에 있는 입자에 끌려서 그 속으로 삼켜든다고 하는 것은 충분히 생각할 수 있다. 본래라면 입자와 반입자는 다시 결합하여 결과적으로는 원상으로 돌아갈 터인 것이, 사건의 지평선이라는(양자론적으로는) 상상도 하지 못한 요소 때문에 두 입자가 영구히 갈라지게 되는 것이다.

입자는 그대로 바깥쪽으로 행한다. 반입자는 속으로 끼어들지만, 그 에너지는 마이너스이므로 블랙홀 속의 에너지의 일부와 상쇄하게 된다. 이리하여 블랙홀의 에너지는 다소 쇠퇴한다. 그리고 이것이 여러 번 반복해 결국은 블랙홀이 소멸하게 된다는 것이다. 다만, 쇠퇴한 몫의 에너지는 입자로서 외부로 뛰어나갔다고 생각하는 것이다. 물방울 등이 다시 수증기로 되어버리는 것과 비슷하여, 이를 '블랙홀의 증발'이라고 부른다.

우주의 인플레이션 시기에 작은 블랙홀은 수없이 많이 발생했다고 한다. 구가 작을수록 표면적에 대한 부피의 비율은 작다. 그래서 블랙홀이 플랑크의 길이나 그보다 다소 큰 정도라면, 그 표면에서 일어나는 입자반입자의 쌍생성 때문에 결국 숱한 작은 블랙홀은 잇따라 소실되었다……

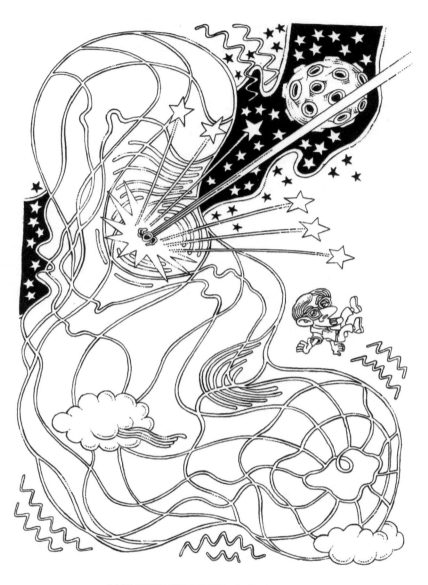

소립자 정도의 블랙홀이라도 지구를 변형시킨다.

고 하는 것이 호킹의 설이다.

그렇다면 미니 블랙홀은 우주에서 완전히 소멸해버렸을까? 그렇다고도 그렇지 않다고도 지적할 수는 없으나, 만약 150억 년 후의 오늘까지 살아남아 있는 것이 있다고 한다면 소립자 정도의 크기(10^{-15}미터)라고 한다.

이렇게 작은 부피 속에 10억 톤이라고 하는 질량이 넣어져 있다. 엄청난 만유인력을 가지기 때문에 우리 주위에 이런 것이 존재하리라고는 생각할 수 없다. 가령 지구와 충돌이라도 한다면 운석의 낙하 정도가 아니라, 지구는 형태마저 일그러져 버린다.

태양계 부근을 가로지르면 행성의 궤도가 바뀔지 모른다. 그러나 우주의 어딘가에서 미니 블랙홀이 현재 증발(차라리 폭발이라고 하는 편이 나을 것이다)했다고 하는 일이 전혀 없다고도 말할 수 없다.

유감스럽지만 천체망원경이나 전파망원경으로 끊임없이 관측을 해도 그와 같은 보고는 아직 없다. 일설에 의하면, 우주의 역사의 길이에 비하면 인간 문명의 역사 따위는 견줄 바가 못 된다. 그 짧은 시간 동안에 목적하는 현상이 '우연히 보였다'라고 하는 것도 너무 지나친 생각일지 모른다.

다 팽창한 후의 우주

호킹을 비롯한 많은 학자는 현재 우주는 팽창 중에 있지만, 이윽고 극대에 다다르고 그 후는 현재와는 반대로 수축해 갈 것이라고 생각하고 있는 듯하다. 프리드만이 말하는 세 종류의 우주(계속 팽창, 이윽고 크기가 일정, 후반에서 축소) 중 세 번째의 후반에서 축소하는 우주가 가장 신빙성이 있는 것 같다. 다만, 그러기 위해서는 현재의 우주의 평균밀도가 일정값 이상(이 것을 임계밀도라고 한다)이 아니면, 이윽고 그 질량의 인력으로는 수축되지 않는다. 여러 가지로 관측한 결과 과연 그만한 밀도가 있는지 어떤지……?

그 때문에 현재의 우주에 천체, 우주 간 가스, 우주선 이외에도 질량이 있는 것이 아닐까 하는 문제 제기도 있다. 그것에 대한 하나의 회답으로 서, 우주 공간에는 천체마저도 관철해 버리는 뉴트리노(neutrino, 경입자의 하나)가 날아다니고 있는데, 그 뉴트리노에 질량이 있지 않을까 하는 설이 강력하다.

중성자가 파괴되어 양성자와 전자로 될 때는 반드시 전자 뉴트리노가 함께 튀어나온다. 다만, 고등학교 물리 교과서에 베타 (β)붕괴 이야기는 실려 있지만, 뉴트리노는 고교생에게 난도가 높아서인지 소개가 되고 있지 않다. 어쨌든 고교 물리에서 다루어지고 있지 않더라도, 뉴트리노라는 입자가 우주에 돌아다니고 있다는 것은 알고 있는 편이 낫다.

그런데 그 뉴트리노의 질량은 예로부터 어느 책을 보아도 '거의' 제로 (0)라고 적혀 있다. 소립자론의 전문가조차도 광자와 마찬가지로 '절대적 으로 제로다'라고 단언할 수 없는 것은 이 입자의 수수께끼다. 원래 상호 작용이 극히 작은 이 입자에는 모르는 일이 많다. 그리고 다소나마 질량 이 있다면, 현재의 우주 공간의 밀도는 큰 것이며, 이윽고는 수축하리라 는 것을 충분히 생각할 수 있다.

우주의 밀도는 현재의 관측값보다 크지 않을까 하는 이유로 지금까지 설명한 블랙홀의 존재가 문제가 된다. 지극히 작은 것은 증발해버렸다고는 하나, 이것이 우주 공간의 여기저기에 아직도 있다고 하면 우주의 밀도는 추정되는 것보다도 커서, 이것이 또한 수축의 원인이 것이다. 그러나 소립자 물리학에서는 미니 블랙홀보다도 뉴트리노를 문제로 삼는 사람이 많은 듯하다.

미니 블랙홀은 어디로 갔는가?

양자론을 사용해서 하는 블랙홀의 소실이론은 획기적이기는 하지만, '양자론이 사용되는' 이상 그 블랙홀은 아주 작아야 하는 것은 당연하다. 태양의 몇 배라든가 수십 배 정도의 질량을 갖는 블랙홀이라면 100억 년은커녕 1조 년을 경과해도 그것이 없어질 확률은 지극히 낮다. 양자론의 한 예로서, 가모프는 터널 효과에 의해 우리 안의 사자가 바깥으로 나올 가능성도 있다는 것을 시사하고 있는데, 큰 블랙홀의 소실은 그보다도 더 무리한 이야기다. 그러므로 호킹의 증발이론은 현재의 상태보다도 오히려 과거로, 더욱이 우주 창성기에 막대한 수의 블랙홀이 존재했을 가능성을 가리키는 것이다. 그의 그 이론이 없다면 당연히 '저 미니 블랙홀은 어디로 가버렸는지' 하는 의문이 생기는데, 그는 그 의문에 훌륭히 대답했다고 말할 수 있을 것이다.

현재의 우주는 아마 그 속에 커다란 블랙홀을 지니면서 팽창하고 있다. 그리고 많은 사람이 믿고 있듯, 앞으로 100억 년 또는 200억 년 이상이 지났을 무렵에 우주는 더 거대한 것으로 되고, 다음에는 우주 내 물질 상화 간의 인력 때문에 축소로 전환한다. 그 전환기에는 어떤 상태가 될는지에 관해 자세히 말한 것은 없다. 아마 우주의 일부 혹은 어쩌면 모든 것이 평행상태(전혀 진보가 없는 상태)가 될지도 모른다. 국가 민족의 역사를 살펴보면 그 최성기의 상태라고 하는 것은 가장 난숙(爛熟)한 형태로 되어 있는데, 이런 인문적(人文的)인 일이 우주라는 대자연의 현상에도 적용될 수 있는 것일까?

이윽고 우주는 축소하기 시작한다. 이것은 아마도 많은 천체 현상에서는 팽창기를 역으로 하는 과정을 거쳐 갈 것이다. 그리고 마지막에는 빅뱅의 정반대의 일, 즉 한 점으로 수축하는 것으로 된다. 이것을 빅 크런치(big crunch, 대붕괴)라고 부른다.

팽창기의 반대 방향이 수축기라고 말했으나, 우주에 대한 여러 가지 현상이 정말로 그렇게 되어가는 것일까? 유감스럽게도 아무도 경험한 적이 없는 사실이지만, 양자는 꽤나 다른 것이라고 주장하는 학자도 있다. 한쪽은 성장기로서 현재의 우리가 존재하는 우주가 바로 이것이다. 그러나 최성기 이후는 노쇠기이다. 물론 생물이 아니기 때문에 청년과 노년을 비교할 수 없으므로 노화(老化)의 우주를 조사하기란 매우 어렵다.

우주의 말로

호킹의 설에 의하면 우주의 최후는 일단 빅 크런치라고 생각된다. 그의 주장은 뒤로 돌리고 다른 학설에 의하면 현 지점에 정지해 있는 것도, 광속으로 달려나가는 것도, 물론 그 중간 속도로 달려가고 있는 것도 모두 당도할 곳은 빅 크런치라고 한다.

시간까지를 포함한 4차원의 그림을 그릴 수는 없다. 그래서 공간을 2차원으로 하여 평면이라고 생각하고, 이것에 수직으로 시간 축을 두는 것이 보통이다. 다만, 세로축의 단위도 가로축과 마찬가지로 길이로 하기 위해서, 시간에 광속도를 곱한 것을 세로축으로 한다. 이때 현시점으로부터 나오는 빛은 45도 위쪽의 원뿔 모양이 되므로 이것을 라이트콘(light cone:광원추)이라고 부른다. 현시점으로부터 나오는 모든 물체나 정보는 모두 광원추의 안쪽을 위쪽으로 달려간다. 또, 반대로 현시점에 이르는 물체나 정보는 아래로 향하는 광원추의 안쪽에서부터 오는 것뿐이다. 상대론, 우주론의 이야기에 자주 광원추의 그림이 나오는 것은 이 메가폰모양의 안쪽과만 교신(또는 상호 작용)을 할 수 있다는 것을 가리키므로 매우 알기 쉽기 때문이다.

광원추 자체는 그렇다고 하고 그 앞, 즉 우리의 우주가 당도하는 곳은 어떠할까? 종국에는 사건의 지평선에 도달해 버린다고 한다. 광원추가 갈 곳은 사건의 지평선밖에 없다고 그려지는 것이다. 현실적인 문제로서는 호킹의 주장대로 미니 블랙홀은 증발하지만, 큰 블랙홀에는 도저히 양자

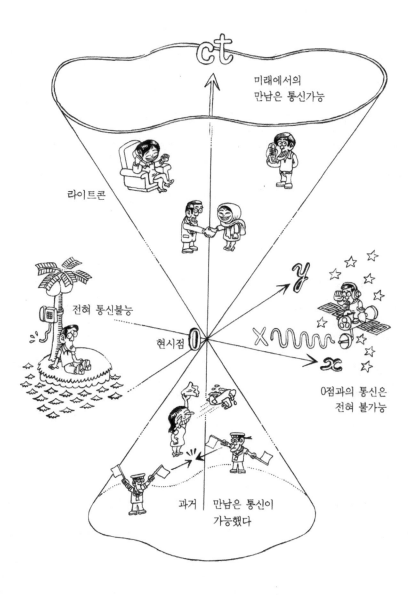

메가폰(라이트콘)의 안쪽밖에는 교신을 할 수 없다.

론을 적용할 수 없으며, 물체를 삼켜들이기만 하며 계속 팽창한다. 몇 백억 년, 몇 천억 년 후일지는 모르지만 우주는 수없이 팽창한 블랙홀로 가득 차게 된다.

우주라고 하는 공간과 천체, 그것이 모인 은하집단으로부터 이루어져 있을 터인 것이, 블랙홀이 차츰 판을 쳐서 통상적인 공간을 압박해 가기조차 한다. 그 때문에 물체는 더더욱 지평면에 접근하여 오히려 블랙홀로써 구성된 우주로 되어버린다. 그리고 최종점인 빅크런치로 향하게 된다.

다만, 우주는 결코 하나가 아니라는 설도 있다. 우주 A에 있던 것이 지평면으로 빨려 들어가면 어떻게 되는가? 역학적인 상식론으로부터 말하면, 강한 중력장 때문에 한없이 중앙의 특이점으로 접근하게 된다. 그리고 이제는 물리법칙이 지배할 수 없는 특이점으로 모든 것이 빠져들어 버리는 것일까?

그렇지 않다고 하는 설도 있다. 확실히 블랙홀의 내부에서는 굉장히 강한 중력장 때문에 회전이 없는 블랙홀이라면 곧장 중앙으로, 회전하고 있는 블랙홀이라면 나선 모양을 그리면서 중심점으로 향할 것이지만, 그 도중에 웜홀이라는 빠져나가는 구멍이 있어서 다른 우주 B에서 얼굴을 내민다고 한다〈그림 4-5〉.

물론 학문적으로 증명될 일은 아니지만, 요컨대 이것도 하나의 사고방법일 것이다. 만약 인플레이션으로 우주가 많이 만들어졌다고 한다면, 블랙홀이라는 이상한 구멍으로 뛰어든 것이 다른 우주로 순식간에 옮겨가는 것도 생각할 수 있다. 가령 그와 같은 일이 있다고 한다면, 다른 우주

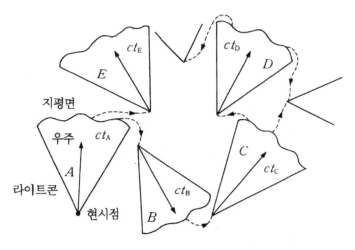

그림 4-5 | 라이트콘이 갈 곳은 사건의 지평선, 거기서부터 웜홀을 통과하여 다른 우주 B, C, ……로 연결된다. t_A, t_B, t_C……등은 각 우주에서의 시간.

의 '그 출구'는 화이트홀이라고 부르면 된다. 블랙홀과는 정반대로 무엇이
든 뱉어내는 구멍이다.

〈그림 4-5〉 라이트콘이 갈 곳은 사건의 지평선, 거기서부터 웜홀을 통
과하여 다른 우주 B, C,……로 연결된다. , , ……등은 각 우주에서의 시간.

화이트홀이라는 것이 정말로 있을까? 또는 있을 수 있는 것일까? 유감
스럽게도 점쟁이가 아닌 한 단언할 수가 없다. 우주 어딘가에 비슷한 것
이 있을 것 같다는 말도 들을 수 없다. 블랙홀 쪽은 거의 확실하다고 생각
되는데도, 화이트 쪽은 과연 사실일까 하고 생각되고 있는 것이 솔직한
이야기다. 흑과 백으로 취급이 틀리다는 것은 약간 공평성이 없는 듯하지

만 어쩔 도리가 없다. 궁극적으로 말하면, 질량이란 서로 인력을 미치는 것이지만 척력은 없다고 하는 것에 기인하고 있는 것이다.

그러나 과학적 근거와는 별개로 블랙홀의 '앞쪽'에 화이트홀이 있다고 믿고 있는 사람도 많다. 세상은 '대칭'이어야 한다. 한쪽만을 편드는 것은 좋지 않다는 생각이 화이트홀의 존재를 믿게 하는 이유다. 또 하나 블랙홀로 삼켜 들어가 버린 많은 물체는 결국은 어떻게 될까? 물리법칙이 미치지 않는 특이점으로 모든 것이 집합한 데서는 너무나도 과학적이 못 된다. 블랙홀 속은 모르는 것은 모르는 나름으로 무언가 착실한 규칙이 있었으면 싶다. 결말을 지어줬으면 싶다…….

질량보존의 법칙 따위의 어수룩한 말은 할 필요도 없다. 그러나 구멍 속으로 사라져버린 많은 물체는 어딘가 다른 데서 바뀌어 태어나도 되지 않는가? 종교적인 감각일지는 모르나 블랙 외에 화이트도 있었으면 싶다. 사람에 따라서는 빅뱅 최초의 작디 작은 우주가 화이트홀이라고 말하기도 한다.

다만, 블랙홀로 빠진 인간은 인간의 형태 그대로 있을 리가 없다. 강한 중력으로 형편없이 파괴되어 쿼크나 경입자 또는 에너지(즉 빛)로 바뀌어 버릴 것이다. 인간에게 영혼이 있다면, 그 영혼만이 블랙홀로부터 웜홀을 통과하여 화이트홀로 나온다고 생각하는 것이 가장 타당할 것이다. 더욱이 조금이나마 낭만적인 생각일 테다. 이 모든 일들은 양자론적으로 허용되는 최소 시간이 있음으로 인해 비로소 생길 수 있는 낭만이기는 하지만 말이다.

5장

호킹의 허수시간

호킹의 허수시간

특이점이란 무엇인가

스티븐 호킹이 블랙홀의 증발이론을 발표한 것은 31세 때(1974년)이다. 이보다 4년쯤 전인 28세 때에는 팽창 우주의 특이점정리(特異点定理)라는 것을 제안했다. 즉 우주 시초에 특이점의 존재는 피할 수 없다는 것이다.

통상의 블랙홀에서는 그 중심에 그리고 회전 블랙홀에서는 그 적도에 해당하는 장소에 링 모양으로 특이점이 존재한다는 것은 앞에서 말했다. 그리고 블랙홀이나 빅뱅, 빅 크런치를 해설한 책에서는 자주 '특이점'이라는 낯선 이름이 나타난다. 익숙해지기 어렵겠지만, 달리 표현할 방법이 없지 않느냐고 하는 것이 아마 해설자의 변명일 것이다.

확실히 이 수학 용어는 그대로 사용할 수밖에 없을 것 같다. 특이점이란 쉽게 말해서 이상야릇한 점이라는 뜻일 것이다. 그것은 블랙홀에 있고 또 빅뱅의 시발점과 빅 크런치로서의 최종점에 있다고 생각되었다.

수학적으로는 분수의 분자가 유한한 값이고, 분모가 제로가 되어버리는 따위의 점이라고 앞에서 소개했다. 또는 삼각함수 등을 들고 나와 미안하지만, $\tan x$라고 하는 함수의 각도 x가 90도가 될 때의 값이다. x를 89

도에서부터 점점 90도로 접근시켜가면, 이 값은 플러스 무한대로 접근해 간다. 또 반대로 91도에서부터 x를 조금씩 작게 하여 90도에 접근시키면, 그 값은 마이너스 무한대로 접근해 간다. 그리고 꼭 90도에서는 값(절대값)이 무한대이겠지만, 플러스로도 마이너스로도 결정할 수 없는 매우 기묘한 점이다. 이와 같은 이상야릇한 점이 수학에서 말하는 특이점이다.

간단히 무한대라고 말하지만, 필자는 그런 수는 물리적으로는 존재하지 않는다고 생각한다. 수학에서는 가감승제나 제곱근풀이 등을 걱정 없이 실행하기 위해 분수, 무리수, 음수 등을 도입하는데, 어떤 수라도 제로(0)로 나누어서는 안 된다. 이유는 학교의 수학 교육에서 엄격히 배웠을 것이다. 분모를 0으로 하는 수는 채용하지 않는다. 무한대 따위는 말로 사용할 뿐, 실제로는 사용하지 않는다. 예를 들어 우주의 크기를 150억 광년 등으로 말하지만 결코 무한대는 아니다.

무한대라고 하는 수는 물리적인 현실 세계에 수학을 적용했을 때, 본의 아니게 나타난 거짓 수치라고 하는 것이 필자의 견해다. 다만, 거짓 수치라도 그것을 이용하는 편이 편리하다면 이용해도 상관없다.

간단한 예를 들겠다. 물리 문제에서 흔히 '질량 m의 질점이 있고……' 하는 말에 부닥친다. 질점이란 역학을 간단히(또는 이상화)하기 위해 고안된 비현실적인 점 모양의 물체다. 그러므로 좀 똑똑하고 심술궂은 학생이 '그 질점의 밀도는 얼마냐'하고 질문을 한다면 교사는 매우 난처해진다. "질점의 밀도는 생각하지 않기로 한다"라고 대답하는 것이 고작일 것이다. 실제는 밀도가 문제되지 않기 때문에 마음 놓고 '질점' 따위의 개념을 역학 속으로 도입할 것이다.

이같이 물리학에는 그것을 직접적으로 문제 삼지 않는다면, '자세히 생각해 보면 꽤나 이상한 이야기다' 하고 생각되는 것도 묵인해 버리기로 하자는 사례가 많다. 그것의 영향이 직접적으로 효과를 나타냈을 때에 가서나 다시 생각해 보자는 것이다. 질점의 경우에는 단순한 역학상의 약속 사항으로서 통하지만, 전자와 광자와의 상호 작용을 시공간 내에서 생각할 때, 앞에서도 말했지만, 무한대의 곤란이 생겨 현재도 이것이 완전히 해결(이라기보다는 이해)되었다고는 말하기 어려울 듯한 마음이 든다.

특이점은 정말로 있는가?

여기서 문제로 삼고 있는 것은 호킹 등에 의해 지적된 우주의 특이점이다. 먼저, 회전하지 않는 큰 블랙홀에서는 사건의 지평선, 즉 슈바르츠쉴트의 반경 내부로부터는 빛조차도 바깥으로 나가지 못한다. 물체도 빛도 중심점으로 향해서 진행할 뿐이다. 이 속에서는 엄청나게 밀도가 큰 물체가 구 모양으로 되어 있다고 생각하고 싶지만, 중성자별이 더욱 수축하여 여전히 좀 더 작은 천체의 모양을 하고 있는지 어떤지는 아무도 모른다.

왜냐하면 블랙홀 속이 어떻게 되어 있는지는 아무리 발버둥 쳐보아도 전혀 알 수가 없기 때문이다. 다만, 외부로부터 생각할 수 있는 것은, 그 중심에서 중력의 값이 무한대로 되어 있다는 것뿐이다. 그러므로 내부의 질

모기향의 중심도 특이점!?

량은 모조리 중심점에 모여 있다고 생각하는 편이 나을는지 모른다.

중력(g)이 큰 곳은 공간이 휘어져 있으므로, 중앙부로 감에 따라서 휘어지는 방향이 심해진다. 설사 회전이 없는 정확한 구형의 블랙홀이더라도 공간 자체가 중앙으로 바짝 쏠리고(이런 상태는 비유도 상상하기도 어렵다) 곡률도 엄청나다. 굳이 비유한다면 어떤 곡선이라도 무한히 짧은 일부를 거론하면 원호(圓弧)로 볼 수 있으나, 그 원의 반경이 짧을수록 휘어지는 방향은 심한 것으로 된다. 여담이지만, 철도 선로에 대해 이 반경을 미터 단위로 표시한 것이 선로 곁에 세워져 있다. 노면(路面) 전차가 길모퉁이에서 왼쪽으로 꺾여지는 경우가 가장 반경이 짧다. 그리고 이 반경의 역수(1을 반경의 값으로 나눈다)를 곡률(曲律)이라고 부르고, 곡률이 클수록 그것은 심하게 휘어져 있다.

막 사온 모기향을 보면 두 가닥의 향이 서로 똬리를 틀고 있는데, 두 가닥이 마찬가지로 중심부로 감에 따라서 곡률이 커지고 있다. 다만, 모기향에는 굵기가 있으므로 중심은 굵어진 채로 그대로 끝나지만, 가령 가느다란 외가닥 선을 그대로 빈틈없이 중심부를 겨냥하여 뱅뱅 감아 나간다면, 마지막 중심에서는(거기에 다다르기까지에는 무한히 돌게 되지만) 이치상으로는 무한대가 된다.

요컨대 블랙홀의 중심부에서는 중력의 크기도 무한대이며, 공간이 휘어지는 방향(3차원의 공간이 어떻게 휘어지는 것인지는 짐작이 안 되지만)도 역시 무한대다. 그러므로 이 점을 특이점이라고 부른다.

이런 까닭으로 수학적인 극한으로서 특이점이라는 것이 있는데, 현실 세계에 그런 것이 있는지 어떤지는 미심쩍다. 가령 블랙홀의 중심이 수학적 계산으로부터 특이점이 안 될 수 없다고 한다면, 거기에 빠져든 것은 특이점에 도달하기 전에 웜홀을 통해서 화이트홀로 빠져 나간다……고 하는 것도 하나의 사고방식일 것이다.

호킹의 사상

펜로즈나 호킹 이전 연구에 의해 우주는 빅뱅의 특이점에서부터 시작하여 빅 크런치의 특이점에서 끝난다고 생각되었다. 특이점에서는 물리법칙이 통용되지 않는다. 그러므로 시초라든가 종말이라는 등의 알 수 없는 현상은 물리법칙의 범주 밖으로 내몰아버린다고 하는 사고방식도 있을 것이다. 그러나 항상 현실 문제와 정면으로 대결하는 사람들은 특이점 따위의 비현실적인 것은 싫어한다. 수학적으로 특이점이 나오는 것이라면 어떠한 방법으로도 그것을 회피하고 싶다. 바꿔 말하면 분모를 제로로 하는 것을 절대로 허용하지 않는다. 후의 호킹의 사상이 바로 그것이었다.

호킹은 빅뱅으로부터 빅 크런치에 이르는 우주의 경로를 조사하는데, 경로합(徑路合:경로적분)이라는 특별한 수학을 사용했다.

이 낯선 말은 그림을 그려서 물리 문제를 해석하는 것이 장기인 미국의 리처드 파인먼(Richard Phillips Feynman, 1918~1988)이 시작한 것이다. 1965년도의 노벨물리학상은 도모나가 박사와 줄리안 슈윙거(Julian

그림 5-1 | 리처드 파이먼

Seimour Schwinger, 1918~1994)가 수학적으로 초다시간이론(超多時間理論)을
완성하고, 파인먼이 그것을 그래프(가로축에 공간, 세로축에 시간)로 나타내어
이해하기 쉬운 것으로 했다고 하여 이 세 사람이 수상하게 되었다.

　이른바 파인먼 그래프로 불리는 것은 물리학의 온갖 경우에 적용되어,
주목하는 대상이 어떤 식으로 과거로부터 미래로 옮겨가는가를 가리키는
것이다. 예를 들어 전자가 한번 방출한 광자를 다시 빨아들이는 그림 등 파
인먼은 자신의 연구를 시각에다 호소했다.

그러므로 A라는 지점(또는 상태)으로부터 B라는 지점(상태)으로 옮겨갈 때 어떤 식으로 옮겨가는가, 즉 어떤 경로를 더듬어 가는가를 그림으로 조사하는 것은 그가 장기로 삼는 것이다. 이같은 그림을 먼저 생각하고 그런 다음 수식을 붙여나간 느낌이 있는 경로합은 특히 이론물리학의 가장 중요한 수단의 하나라 할 수 있다.

실제의 경로합의 계산은, 이를테면 시간 적분이 무한히 늘어서는 것처럼 다소 복잡한 것이다. 때문에 다음에서 말한 것이 반드시 적당한 예는 아닐지도 모르지만, 어쨌든 알기 쉬운 예를 제시하겠다.

경로합이 가르쳐 주는 빛의 진로

진공 속에서(만약 중력의 방향을 무시할 수 있다면) 빛은 직진한다. 그러나 공기 속에서는 공기에 짙고 옅은 데가 있어 근소하게 휘어진다. 짙은 공기 속에서는 빛이 느려지기 때문이다. 그리고 예를 들어 A라는 지점에서부터 나와 B라는 지점에 다다르는 빛은 그 소요 시간이 훨씬 적은 길을 택한다. 농담(濃淡)이 매우 복잡하게 대기 속에 분포해 있을 경우에는 어떤 경로를 취하는 것이 편리한가는 경로합의 방법이 가르쳐 주는 것이다.

가령 빛이 나가는 지점을 A, 빛이 도달하는 지점을 B로 하자. 양자를 잇는 선은 무수히 그을 수 있다. 위쪽으로 굽어지는 것, 동(東)이나 서(西)로 휘어지는 것 등 모두가 A에서 출발하여 B로 가는 선이다. 그런데 그중 임의

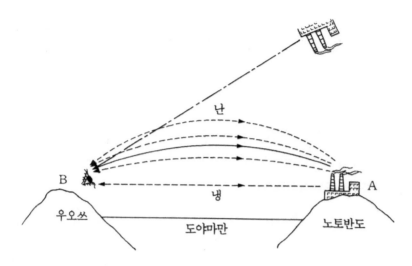

그림 5-2 | 경로합의 한 예. 수많은 경로 중에서 실선을 달려갈 때가 가장 소요 시간이 적다.

의 한 선(보통의 곡선)에 주목한다. 지금은 소요 시간을 계산하는 것이므로 먼저 A점에서부터 A점에 바로 가까운 A1점까지의 소요 시간을 구한다. 이어서 곡선을 따라 A_1에 가까운 A_2까지의 시간, 그리고는 A_3까지의 시간이라는 식으로 각 부문에서 광속이 틀리므로, 귀찮기는 하지만 이런 방법에 의존할 수밖에 없다. A~B 간의 경로에 대해 그 전체(합)를 구하기 때문에 경로합이라고 한다. 더욱이 무수히 있는 경로합을 모조리 비교 검토하지 않으면 안 된다.

실제로는 변분법(變分法)이라는 교묘한 수학을 사용하고, 최종 결과로서 가장 효율적인 한 선이 얻어지고, 빛은 이 길을 통해서 A로부터 B에 이른다.

위의 그림에서 A는 일본의 노토(能登) 반도, B는 도야마(富山) 만의 우오쓰(漁津)를 예로 들었는데, 도야마만에서는 아마 해수는 일본알프스의 물을 마셔서 차고 상공은 비교적 따뜻하고 공기밀도가 얇기 때문에 노토 반도로부터의 빛은 산 모양으로 휘어질 것이 틀림없다. 신기루를 볼 수 있는 이유이다.

이 밖에 역학의 경우에도 최소 작용의 원리라고 하는 비슷한 방법이 적용되고, 또 소립자론에도 물리의 또 하나의 분야인 물성론(物性論)에도 경로합의 방법은 매우 효과적이다.

다만, 양자론을 적용한 경로합에서는 그 나름의 방법을 취하지 않으면 안 된다. 원래 양자역학은 모든 가능성을 더불어 지니도록 기술한다. 그러므로 이상한 표현이 되겠지만, 빛은 A점에서부터 B점까지의 모든 길을 통하는 것으로 된다. 이 같은 경로합을 양자론적으로 계산하여 호킹은 우주 경로 ―어떤 역사를 더듬어 가느냐― 의 문제에 이 수학적 방법을 이용했다.

특이점을 없앤다

서두에서 언급했듯이 처음에는 펜로즈도 호킹도 특이점에서 시작하여 특이점에서 끝나는 우주를 생각한다. 현재의 우주를 과거로 거슬러 올라가면 아무래도 '그보다 과거'가 없는 막다른 점―특이점―에 도달해 버린다. 무엇이 최후냐고 하면 우선 우주의 시간이 거기서부터 시작된다. 그리고 그 개시점에는 앞에서도 보았듯이 무한대―질량의 무한대, 곡률의 무한대, 기타 물리학에서 기본으로 삼는 여러 가지 양의 무한대—가 꽉 차 있어서 현대의 물리학자는 손을 댈 수가 없다. 우주의 개시점이라는 것이 확실히 있는 듯하지만, 어찌하여 그것이 시작되는지 또 그 이전에 무엇이 있었는지 등은 안개 속에 일체 갇혀 있다.

안개 속이기는 하지만, 아인슈타인의 일반상대론의 귀결이기 때문에 어쩔 수가 없다. 그러나 방법이 없다고 하여 팽개쳐 두지 않았던 것이 호킹이며, 그는 그 후 경로합의 계산을 발전시켜 그 경로합의 계산에 양자론적 고찰을 가하여 '경계가 없는' 우주상을 만들어 냈다. 자신이 전에 증명했던 특이점 정리를 굳이 부정하고, 특이점이라고 하는 수학적 골칫거리를 회피하는 방법을 발견한 것이다.

그러나 경계가 없는 우주라고 한들 도무지 직감적으로 와 닿는 것이 없다. 물론 시간과 공간과는 떼어놓을 수 없는 것이지만, 알기 쉽게 시간만을 생각한다면 이것의 경계가 없다는 것은 시간의 단락이라는 것을 전혀 갖지 않는 것을 의미한다. 어떠한 때라도 시각의 존재는 가능하다는 결론을 내린 것이다. 물론 빅뱅 이전에도 빅 크런치 이후에 있어서도.

그러므로 호킹의 우주 모형으로서 지구를 닮은 구형을 생각할 수 있다. 구의 표면이 우주 공간을 나타낸다고 하자. 빅뱅은 북극점이다. 우주는 북극점에서 시작되고, 이윽고 시간이 경과하면 우주의 크기는 표면의 위도선에 비유되어 북위 80도의 원, 70도의 원, 60도의 원……이런 식으로 커져간다. 현재의 탄생 이래 150억 년이라고 하는 것은 북위 40도 부근이라고할까? 다시 100억 년 단위로 팽창을 계속하여 그 가장 팽창한 상대를 적도

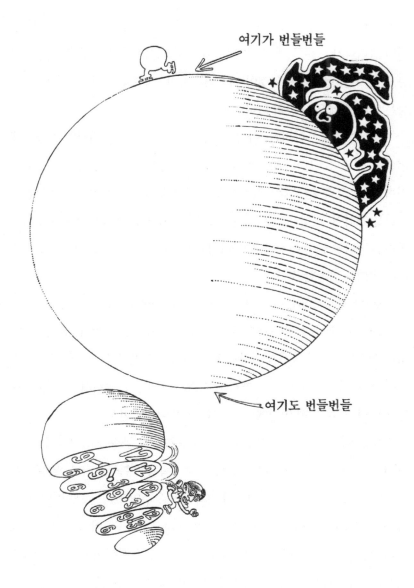

여기가 번들번들

여기도 번들번들

호킹의 우주에 "특이점"은 없다!

라고 생각한다. 그리고 최후가 빅 크런치, 모형상으로는 남극이 된다.

　지구를 예로 든 것은 어디까지나 비유에 지나지 않지만, 알기는 쉽다. 그리고 여기서 중요한 일이란 북극점과 남극점은 결코 특별한 점이 아니라고 주장한 점이다. 확실히 그것은 기하학적으로 보더라도 표면의 다른 부분과 조금도 다를 바가 없다. 지구 위에 닿으면 남극도 북극도 모두 매끈매끈한 구면의 일부라는 것을 안다. 물론 남극과 북극은 자전축이며, 위도를 정하는 방법으로써 그것을 각각 남북 90도로 하고 있으나, 그것이 조금도 기하학적 구조의 특징으로는 되어 있지 않다.

　호킹이 짐 하틀(Jim Hartle)이라는 학자와 함께 빅뱅이니 빅 크런치를 우주의 특이점으로 삼지 않았다는 것은, 지구모형에 의해서 생각하는 것이 가장 좋다. 북극에도 남극에도 무한대라든가 그 밖의 기묘한 요인은 하나도 없기 때문이다.

빅뱅 이전의 허수의 시간

　빅뱅의 최초가 우주를 지구에 비유했을 때의 북극점이라고 한다면, 어쨌든 그렇다고 이것을 인정하기로 하자. 그러나 호킹이 경로합이라고 하는 수학적 방법을 사용하고, 다시 시간을 허수로 함으로써(이 허수에 대해서는 바로 뒤에서 자세히 설명한다) 시간의 경계마저 없애버렸다고 하는데, 그것은 도대체 무엇을 말하는 것일까? 빅뱅 이전의 우주는 지구에 비유할 경우 어디쯤에 해당할까? 북극점보다 더 북은 없지 않는가……고 하는 의문은 착실하게 사물을 생각하는 독자라면 반드시 알아보고 싶은 사항일 것이라 생각된다.

이 질문에 대답하면 경로합의 방법으로 확실히 시간에는 경계가 없어져 버리지만, 빅뱅 이전의 시간이라는 것은 허수가 되어버려 그림이나 모형으로도 나타낼 수 없다는 것이다. 또 다시 달갑잖은 허수라는 수학적 개념이 나왔지만, 수학을 무기로 하여 물리학을 해석해 나가는 이상 이와 같은 처지가 되는 것은 어쩔 도리가 없다. 하여튼 호킹식으로 하면, 과거에는 허수 시간이 있었다라는 것이 되어버린다. 과거에 허수 시간을 생각함으로써 밋밋한 특이점이 없는 우주의 시초와 종말이 가능한 것이다.

허수라는 것을 들고 나와서 독자에게 지루한 느낌을 갖게 할 생각은 조금도 없으나, '허수란 무엇이냐' 그리고 '현실적인 문제로서 어떤 의의를 갖느냐'에 대해 다소 해설해두지 않으면 이야기가 앞으로 나아가지 못할 것이다.

있지도 않는 것을……

제곱을 하여 마이너스 1이 되는 수를 허수라 하고 기호로는 i를 쓴다. 예를 들어 i의 3배라면 $3i$, 7배라면 $7i$로 쓰고 이것을 허수라고 한다. 원래 같으면 1이건 −1이건 이것을 제곱하면 1이 될 것이며, 제곱의 결과가 마이너스 1 따위라는 수는 없을 것이다. 그러나 '만약 있다면' 하는 전제로 만든 것이 수학의 허수다. 실수와 허수 쌍방을 포함한 것을 복소수라고 하며, 그 것을 수학 체계로 한 것의 하나의 복소함수론(複素函數論) 따위라고 한다.

있지도 않은 수를 마치 존재하는 양 다루어도 되는 것일까?

다른 예를 생각해 보자. 좀 수학 냄새가 짙어지지만, $\sin^{-1}5$(사인의 값을 5로 하는 각도)라든가, log(-8) 라든가, 3/0 등은 모두 '있지도 않은 수'인 것이다. i로 말한다면, 여기서의 아크사인5 따위의 별난 수라 하여 문제로 삼아도 되지 않느냐, i만을 편애하여 훌륭한 수학으로 하고 다른 고스트(ghost)의 수는 문제로 삼지 않는다는 것은 너무 불공평하지 않느냐는 마음이 든다.

만약 수학에 흥미를 가진 독자가 있다면, 이런 문제에 대해서도 생각해 주길 바란다. 그리고 만약 불공평하다면 자신이 그 불공평함을 바로 잡도록 새로운 수학을 만들어주길 바란다.

그러나 허수 i만이 수학적으로 시스템화된 데에는 그 나름의 이유가 있다. 복소수는 가감승제의 4칙은커녕 미준적분의 모든 분야에 걸쳐 '모순됨이 없이 체계화(즉 연달아 겹쳐 쌓아 갈 수 있다)할 수가 있는' 것이다. 3+2i와 5-4i의 합을 8-2i로 해도 그 후의 연산에는 아무 지장이 없다. 최초의 i야말로 현실에서는 기묘한 수이지만, 기묘한 것은 기묘하다고 인정만 한다면 그 뒤는 모든 것이 잘 되어 간다.

마치 '한 점을 통과하여, 한 가닥의 직선과 평행하는 선은 긋지 못한다' 라고 하는 비유클리드의 공리를 인정해 버리면, 나머지는 만사가 잘 되어 가는 것과 흡사하다. 하기야 이쪽은 구면상의 기하학이라는 현실성은 있지만……

이것에 반해, 가령 4/0와 3/0의 합이 7/0이 되느냐고 하면, 물론 그렇게 정의하는 것은 임의이겠지만, 그 후의 수학의 계산은 전혀 할 수가 없다. 만약 여기서는 말하는 i이외에 있지도 않은 수에 대해서는 수학 법칙이 잘 성립돼 있다면, 그런 수는 벌써 수학자가 형식화하고 있을 것이다.

이런 까닭으로 i라고 하는 값만은 허수로서 채용되어 당당히 수학 교과서에 실려져서 수학자의 연구 대상으로 되어 있는 것이다.

실수가 전부

수학에서는 우선 최초에 공리가 있고, 공리가 모순 없이 전개되는 이론을 옳다고 친다. 그러나 물리학은 자연계가 어떻게 되어 있는가를 조사하는 학문이다. 물리학은 양적으로 사물을 분석하는 일이 많으므로 수학자가 설정해준 수라든가 연산 등을 크게 빌려 쓰게 된다. 다만, 그 경우 수학자에게 특허료(또는 이용료)를 지불하지는 않지만, 원래 수학은 물리학의 필요성에서부터 태어난 부분이 많으므로 피장파장일 것이다. 여기서 문제는 물리학에 허수 i를 어떻게 보느냐고 하는 점이다.

물리량으로서 가장 단순하고 객관적인 양은 길이다. 그 길이를 표현하는 데는 1미터라는 단위를 설정하고, 대상으로서의 길이가 그것의 7배라면 7m, 7할이라면 0.8m라고 한다. 32㎞든 2.734m든 상관없다. 자꾸 사용한다.

한 변이 1m인 정사각형의 대각선의 길이는 1.414m이지만, 근사값 따위의 어정쩡한 표현은 싫다. 대각선의 길이를 단적으로 말하고 싶다는 순수파는 $\sqrt{2}$ m라고 표현하면 된다. 시간이라든가, 소득이라든가, 질량이라든가 어떤 양이라도 단위만 정해주면, 그 뒤는 수를 사용하는 것만으로 크기를 정확히 표현할 수 있다.

여기서는 수란 $\sqrt{2}$ 와 같은 무리수까지 포함한 실수를 말한다. 바꿔 말하면 물리학자가 대상으로 하는 양과 실수 사이에는 (수학자의 말을 빌면) 1:1의 대응이 있다. 즉 수치로서 실수만 충분히 사용하면 자연계의 기술은 완전하다. 이런 의미에서 물리학에 허수 또는 복소수가 끼어들 여지는 없다.

확실히 전기의 교류이론 등에서 복소함수를 사용하는 일이 있으나, 그것은 편의상 사용하고 있는 데에 불과하다. 수고만 꺼리지 않는다면 사인이니 코사인이라는 실함수로 족하다.

도대체 복소수, 특히 그것의 일부인 허수가 어떤 양을 나타내는가는 현실 문제로서는 참으로 이해하기 곤란하다. 3i개의 사과라고 한다면 알 수 있다. 그러나 3개의 사과를 보여달라고 한들 어떻게 할 방법이 없다. 교실의 흑판에서부터 뒷부분까지가 12i미터라든가. 이 감귤상자의 무게가 4i kg이니 하는 투의 말은 들어본 적이 없다.

백인 백태(百人百態)의 해석

이상의 일을 생각해 보면, 고전물리학에서는(편의상 허수를 사용하는 것은 상관없지만) 실수가 전부다. 그러나 양자역학이 되면 이야기가 좀 복잡해진다. 가령 원자핵 주위에 하나의 전자가 있었다고 하자. 보어에 의한 고전양자역학에서 전자는 핵 주위를 공전하는 입자이었다. 전자라고 하는 입자가 있고, 이것이 핵 주위를 돌고 있는 상태는 고전역학 그대로여서 매우 이해하기 쉽다.

그런데 1920년대에 만들어진 정통파 양자역학에서는 그 전자를 원자핵의 주위에 떼지어 모이는 구름처럼 생각했다. 입자가 아니고 구름인 것이다. 그리고 이 구름을 수식적으로 기술할 때는 원칙적으로 복소수를 사용한다. 전자란, 또 전자뿐만 아니라 마이크로 세계의 대상물이란 복소수적인 것이다. 금속 속에서 자유로이 움직이고 있는 전자도, 상자 속에 갇혀진 분자도 그 상태는 원칙적으로 복소수를 사용하여 기술한다. 물리학 속에 허수가 활개를 치고 끼어든 것이다.

허수 따위라고 하는 것은 의미를 알 수 없는 수가 아니냐? 그런 것으로써 기술한들 어떻게 되는 것도 아니잖냐고 하게 될 것 같지만, 잠깐만! 입자라고 하는 것은 양자론적 고찰에 따르면 파동으로서의 성질을 갖는다. 이 파동을 수학적인 식으로 쓴 것을 파동함수(波動函數)라고 부르고, 이 파동함수가 복소수인 것이다.

그렇다면 그 복소수의 파동이란 어떤 파동인지 그림으로 그려달라고 한들 무리다. 파동함수는 대상물의(즉 원자나 전자의) 상태를 나타내고 있기는 하지만, 결코 눈에(물론 현미경을 사용해도) 보이는 것은 아니다. 눈에 보이는 것은 파동이 스크린에 부딪힌 자국의 줄무늬 모양이라든가, 물체에 충돌했을 때의 에너지의 크기 등이다.

파동함수는 확실히 입자의 존재 장소를 가리키는 것이지만, 정확하게 공간 속의 존재 확률을 구하기 위해서는 이 복소수를 제곱하여(정확히 말하면 복소함수와 그것의 켤레복소함수의 곱) 실수로 만들어버리는 것이다. 또는 그 파동함수로서 나타내어지는 입자의 에너지를 구하고 싶을 때는 양자역학의 식을 해석함으로써, 실수로서의 에너지(양자역학에서는 고유값이라고 한다)가 나오는 것이다.

꽤 알기 힘든 이야기였을지 모른다. 다시 한번 다짐을 위해 되풀이하면, 입자의 상태를 나타내는 파동함수라고 하는 것은 실수와 허수의 합인 복소수를 사용한다. 그러나 실험의 결과로 볼 수 있는 관측값은 식을 주무름으로써 반드시 실수가 되게끔 양자역학이라는 것은 되어 있다. 몇 번이나 물리량은 운운하고 말해 왔으나, 그 수치가 실험 결과와 비교되는 것은 관측값뿐이므로 이상의 이야기에 모순은 없다. 즉 복소수로 기술하는 것은 인간이 아직 보지 못한 상태인 것이다.

정말로 양자역학이라는 것은 잘 만들어진 것이다. 관측되는 것은 실수이고, 누구에게도 관측되지 않는 상태라고 하는 것은 약간은 이상야릇하게 생각되는 복소수로 나타내는 것이다.

그렇다면 복소수로 나타내어지는 상태라고 하는 것은─눈에 보이는 것은 아니지만-진실로 존재하는 것이라고 생각해도 되는가?

가령 어떤 전자의 상태가 복소수로 기술되어 있다고 하자. 그 전자의 에너지가 얼마냐를 조사할 때는 양자역학의 식을 해석하여 실수치가 구해지는 것이므로 문제는 없다. 문제는 없고 결국은 모두가 OK이므로 좋기는 하나, 이것에 대해 어떤 이론가가(또는 문제를 형이상적으로 추구하는 인물이) 거리낌을 지니고 있다고 하자.

관측되기 전의 그 전자, 따라서 에너지도 소재지도 분명하지 않다. 다만, 구름처럼 존재해 있는 그 전자란 복소수적인 것(즉 허수를 포함하는 함수로써 쓰어진 것)이냐, 아니면 관측 이전에는 우리에게는 정보가 없으므로 편의상 수학자가 만든 복소수라는 것으로 쓴 것에 불과한 것이냐? 허수가 전자의 실체이냐, 아니면 허수란 그런 실체가 있을 리가 없지만 이것을 사용하면 이후의 계산이 편리하기 때문에 사용하고 있는 것에 불과한 것이냐?

이것은 이미 철학 논쟁 같은 기분이 든다. 어느 쪽으로 생각한들 그 이후의 연구에는 지장이 없다. 물리학자는 이런 관념적인 이야기에는 그다지 깊이 파고들지 않는 것 같다. 다만, 굳이 말한다면 보어를 비롯한 코펜하겐의 정통파는 입자는 본래 복소수적인 것이라 생각이 정했고, 반대로 양자역학의 근저(根底)에 있는 '불확정성'을 근본적으로는 인정하고 싶지 않다고 하는 아인슈타인 등은 우주의 근원은 실수적인 것으로 생각하고 있는 듯한 점이 있으나, 각자의 진정한 사상은 필자로서는 알 수가 없다. 하여튼 백 사람의 물리학자가 있으면 양자역학에 관한 백 가지 해석이 있다고까지 말하고 있으니까 말이다.

4차원의 피타고라스의 정리

허수에 대해 많이 구애되었지만, 이것은 호킹이 허수시간이라는 것을 제창했기 때문이다. 그리고 허수의 물리량이라는 것은 다른 예에서 싫도록 말했듯이 정말로 이해하기 힘들다. 빅뱅 이전에는 그대로 허수시간이 계속되어 있다는 것이 호킹의 생각인데, 그것을 좀 더 알기 쉽게 설명하라고 한들 도무지 방법이 없다.

어쨌든 그림으로는 그릴 수가 없다. 보통의 시간조차도 눈에 보이지 않는데 하물며 허수 시간이 보일 리가 없다. 우리의 의식 속에서는 시간의 경과라는 것은 어느 정도 추정할 수 있지만, 이것이 허수시간이라면 어떻게 되는 것인지, 유감스러우나 상상조차 불가능하다. 그러나 호킹은 특이점을 회피하기 위해 시간의 연속성을 수식으로 제시했다. 그러나 빅뱅 이전은 시간이 허수로 된다는 것도 피할 수는 없었다.

허수시간을 사용하면 우주의 창성점이 특이점이 안 된다고 하는 이야기였는데, 알기 쉬운 특수상대론의 식을 사용하여 허수시간에 좀더 집착해 보기로 하자.

특수상대론이란 광속도는 일정불변한 것이며, 길이나 시간은 측정 방법에 따라서 바뀌어질 수도 있다고 하는 선언이다. 그리고 시간도 길이와 동등한 자격을 가지고 식에 짜 넣어져야 한다고 한다. 그러므로 4차원 좌표가 문제로 된다.

우선 3차원의 공간좌표를 각각 x, y, z로 하자. 시간은 t이지만 공간과

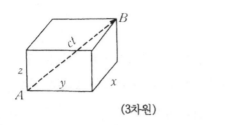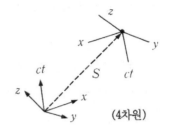

(3차원) (4차원)

그림 5-3 | 피타고라스의 식

마찬가지로 길이의 성질(정확하게 말하면 근본)을 지니듯이, 시간에 광속도 c
를 곱해서 ct로 한다.

A점에서 나간 빛이(특수상대론이므로) 똑바로 달려가서 B점에 다다랐다
고 하자. 그 소요 시간을 t라고 하면 AB간의 직선거리는 ct이다. 물론 일반
적으로는 이 시간축의 x, y, z로 하면 3차원 피타고라스의 식 $(ct)^2 = x^2 + y^2$
$+ z^2$이 성립한다. 즉 빛이 달려간 거리 ct를 직6면체(세 변의 길이가 x, y, z)인
입체적인 대각선으로 생각하는 것이다. 또는 ct의 항을 이항하여 $-(ct)^2 + x^2$
$+ y^2 + z^2 = 0$으로 써도 된다.

상대론적 시간을 3차원의 공간에서의 1차원의 시간이라는 듯이 기술
한다면, 항상 $-(ct)^2$과 x^2, y^2, z^2의 4개의 합은 제로이다. 그런데 여기에서
수식은 시간도 공간도 구별하지 않는 일반적인 이야기로 옮기지 않으면 안
된다. 4차원의 기하학이라는 것은 보통으로는 도무지 알기 어려운 것인데,
x, y, z의 3차원 속으로 빛이 달려간다……는 것은 아니고, 처음부터 ct를

또 하나의 좌표로 한 4차원의 시공간 내에서의 거리의 식으로 고치면, 4개의 제곱의 합은 반드시 제로인 것은 아니며 상수로 된다. 이것은 시간까지도 거리와 동등하게 좌표화했기 때문의 결과이며, 4개의 제곱한 합은 초직육면체의 대각선의 길이의 제곱으로 되고(이것을 확정된 피타고라스의 정리라고 한다), 광속도는 일정하다고 하는 물리적 사실은 대각선의 길이가 항상 일정(제로가 아니어도 된다. 4차원 시공 속의 길이이므로 오히려 유한값인 쪽이 합리적이다)하다는 결과를 이끈다는 것을 이해하기 바란다. 따라서 4차원의 기하학에서는 공간과 시간 사이에서

$$-(ct)^2 + x^2 + y^2 + z^2 = (일정값) = s^2$$

가 성립한다. 은 단순히 A에서부터 B로 빛이 달려갈 때에 일정한 값에 불과하다. 거듭 말하지만, 4차원 시공간의 피타고라스의 정리가 성립하는 것이다.

다시 확인하면, 여기서 쓰여진 식은 4차원 시공간 내에서 물리적으로 성립되는 식이다. 원래의 피타고라스의 식에서는 각 변의 제곱이 모두 플러스이지만, 시공간에 관해서는 시간항의 제곱만이 마이너스라고 생각한다. $-(ct)^2$의 항은 마이너스 항을 보탠다고 하는 표현을 나타낸다.

특이점을 없앤다

이상의 지식을 갖고 우주 창성의 특이점(이라고 생각되었던), 북극점에 주

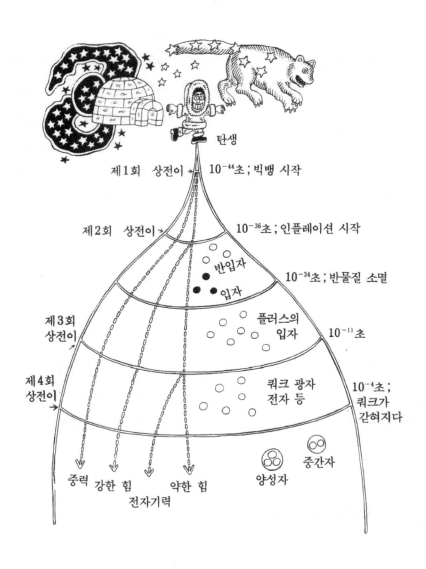

제1회 상전이 → 10⁻⁴⁴초 ; 빅뱅 시작

탄생

제2회 상전이 → 10⁻³⁶초 ; 인플레이션 시작

반입자

입자 10⁻³⁴초 ; 반물질 소멸

제3회 상전이 플러스의 입자 10⁻¹¹초

제4회 상전이 쿼크 광자 전자 등 10⁻⁴초 ; 쿼크가 갇혀지다

중력 강한 힘 약한 힘 전자기력 양성자 중간자

프리드만 우주의 북극점은 특이점

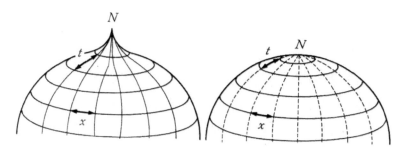

그림 5-4 | 프리드만 우주의 북극(좌)과 드 지터 우주의 북극(우)

목하자. 이때 (세로 방향의) 경도선의 길이가 시간을 나타내고, (가로 방향의) 위도선의 길이가 공간을 나타낸다(공간은 1차원-즉 원-밖에 없는데, 이것은 모형상 어쩔 수 없다), 그러므로 지구면 위의 작은 부분의(시공적) 거리의 제곱은 위도선 방향의 제곱과 경도선 방향의 제곱의 합이 되고, 앞 것이 공간이므로 플러스, 뒤 것이 시간이므로 마이너스로 된다.

그러나 이 일반법칙을 북극점으로까지 가져가면 곤란하게 된다. 북극점으로부터 그은 선은 모두가 경도선이기 때문에 위에서 보았듯이 거기에서의 거리의 제곱은 시종 일관 마이너스이다. 북극점을 특별시, 즉 특이점으로 하지 않을 수가 없다. 모형적으로는 이것을 프리드만 우주의 시공이라고 한다.

이것을 피하기 위해 호킹은 드 지터의 시공이라는 모형을 사용했다. 프리드만 쪽은 북극점이 뾰족한 데 대해 드 지터 쪽은 둥글고 미끈하여 공처럼 어디가 북극점인지를 모른다.

이때 북극점 근방, 우주의 초기(라기보다는 우주가 작았을 때-호킹의 이론에서는 우주의 출발점은 규정되어 있지 않으므로)에서는 시간 t는 허수, 즉 it라고 했다. 따라서 시간항의 제곱은 $-(ict)^2 = (ct)^2$으로 플러스가 된다. 공간도 플러스, 시간도 플러스이다. 따라서 북극점 자체 또는 그 근방의 어디를 측정해도, 시간의 제곱도 공간의 제곱도 모두 플러스의 값으로 되어 특별한 점 따위는 없다.

시간은 허수인가?

이상이 허수 시간을 사용하여 특이점을 소거하는 방법인데 알 듯, 모를 듯 알쏭달쏭한 기분이 들 것이다. 수식과 정면으로 대결한다면 무척 어려울 것이라는 점도 있겠지만, 한편으로는 시간이란 무엇인지 생각해 보면 이 또한 복잡한 문제이다. 시간에 대해서는 제6장에서 다시 생각하기로 하지만, 앞의 특수상대론의 식 $-(ict)^2 + x^2 + y^2 + z^2 = (일정값) = s^2$을 보고, 이 식이야말로 시간이 허수라는 것을 말하는 것이 아니냐고 예민한 독자는 생각했을지 모른다.

피타고라스의 정리는 제곱의 각 항이 모두 플러스가 되어야 할 것이 아니냐, 그러므로 이 식은 이상하다고 생각했을지 모른다. 이미 말했듯이 이 것을 확장된 피타고라스의 정리라고 하고, 모든 제곱항이 플러스로 되는 보통의 피타고라스의 정리와 구별하고 있다. 그리고 4차원의 시공간에서

166

광속도 일정의 조건은 확장된 피타고라스의 정리로 나타내어지는 것이다. 만약 보통의 피타고라스의 정리로 바꿔놓으면 시간은 허수, 즉 it로 되지 않으면 안 된다.

앞에서 우리가 다루는 물리량은 양자역학과 같은 특수한 예를 제외하고는 실수만으로서 족하고 했다. 그러나 시간을 전통적 피타고라스의 정리가 아니면 안 된다고 하는 주장 아래서 제곱근으로 풀면 허수로 되어버린다(즉 시간을 it로 하여 모든 항의 제곱의 합을 취하면 현실의 식으로 된다).

그러므로 사상가(?)에게는 '현실의 시간이 허수적인 것이 아니냐' 하고 의문을 품는 사람도 있다. 확실히 그럴지도 모른다. 과거로부터 미래로, 자신까지를 포함한 세계를 밀어붙여 가는 이 '시간'은 실존하는 것일까? 아니면 허(虛:텅 빈)한 것일까? 길이라든가 질량과는 달리서 시간이란 어느 의미에서는 겉잡을 수 없는 것이므로, 어쩌면 허한 것일지도 모른다.

설명은 생략하지만 앞의 상대론의 식에서, 공간좌표 쪽을 이항시켜 $(ct)^2 - x^2 - y^2 - z^2 = (일정값) = r^2$로 해도 조금도 상관없다. r은 4차원적 일정값을 나타내고 있는 데 지나지 않다. 식을 이렇게 보면 시간 쪽이 '단단하게 뿌리를 내린 진짜'이고, 공간(x, y, z)이야말로 허한 것이다……라고도 생각된다. 그러나 시간을 허수로 하기보다는 무언가 설득력이 없는 듯한 마음이 든다. 요는 식의 어느 항을 이항하는가로 결정되는 일이며, 어느 쪽을 마이너스로 하느냐고 하는 철학적 의의(?)를 생각한들 얻는 바는 적을 듯한 생각이 든다.

허수시간에서 대폭발!

허수시간을 채용함으로써 생각되는 현상에 우주의 탄생이 있다. 맨 처음 에너지는 좁디 좁은 공간에 갇혀 있었다. 이 공간에는 주위에 벽이 있고, 그 벽이 높아서 알맹이는 바깥으로 나올 수가 없다. 그러나 이것에 양자론을 적용하면 이른바 터널 효과라는 것에 의해 속의 에너지는 벽 속을 관통하여 바깥으로 나올 수 있다……고 앞에서 말했다.

이 사고방식은 특히 양자우주론에서는 지지를 받고 있는데, 여기에 허수시간을 채용하는 것으로도 해결된다.

우주의 최초에(호킹 등이 제창했듯이) 시간은 허수였다고 한다. 시간이 허수라면 힘이 역방향으로 된다. 왜냐하면

$$(\text{힘}) = (\text{질량}) \times (\text{가속도}) = m \times \Delta x / (\Delta it)^2$$

이듯이 가속도는 거리를 시간으로 두 번 나눈 것(미분도 나누는 것도 물리량으로서는 같은 결과가 된다)이며, 시간이 허수라면 그것으로 두 번을 나누면 힘의 부호는 마이너스(방향이 반대)로 된다. 힘의 방향이 반대라면 넘어서기 어렵다고 생각되고 있었던 벽은 반대로 구멍이 되는 것이다. 역학적으로는 퍼텐셜에너지(위치에너지)의 부호가 바뀐다. 그러므로 에너지를 가두어넣는 주머니는 순식간에 소멸되고, 우주의 팽창이 시작된다. 그리고 시간은 순식간에 허수로부터 실수로 옮겨가 통상적인 팽창으로 된다.

실제로 특이점의 소거뿐만 아니라, 대폭발의 실마리로서 이와 같이 허수시간을 사용하는 주장도 있다. 이야기가 되돌아가지만, 이와 같은 허수

시간이란 어떤 것이냐, 그리고 허수로부터 실수로 바뀐다는 것은 어떤 것이냐, 주변에 어떤 변화가 일어나느냐, 어쨌든 우리의 상상을 초월하는 일이기는 하다.

6장

호킹의 역전하는 시간

호킹의 역전하는 시간

시간의 재검토

우주의 탄생에서부터 지금까지 150~160억 년이 경과했다고 하는데, 앞으로도 길고 긴 시간이 계속되어갈 것이다. 그리고 만약 우리의 우주가 열린 우주라면 그것은 무한히 팽창을 계속할 것이고, 또 많은 학자가 예측하는 것과 같은 닫혀진 우주라면 우주는 극대점을 통과하여 이윽고 수축으로 향하여 무한히 작아질 것이다. 이때 빅뱅으로부터 빅 크런치로 향하는 방향이 시간이기는 하지만, 시간이라는 것을 그와 같이 상식적으로 결정해 버려도 되는 것일까?

확실히 우주 탄생 후 10^{-44}초라든가, 1분 후라든가, 10만 년이라든가 하는 모든 것을 시간의 단위로 설명해 왔는데, 앞으로 가령 수축 우주에서도 계속하여 그런 표현이 적용될 수 있는 것일까? 한마디로 시간이라고 하지만 좀 더 근저(根底)에서 생각해 볼 필요가 있을 것이다.

우주의 탄생기에서는 시간을 허수로 함으로써 특이점이 제거되었다. 허수의 시간이란 무엇인가? 일단은 설명을 하기는 했으나 사실인즉 도무지 짐작이 가지 않는다고 말할지 모른다. 어떤 의미로서는 수학에 휘둘리고 있는 것인지 모르겠지만, 허수시간이란 허수 시간이라고 밖에는 표현할 방법이 없다. 시간을 허수로 함으로써 공간의 3개의 차원과 완전히 대등한 식이 만들어진다. '시초'라고 하는 것은 시간의 시발점을 말하는 것이므로, 4차원 좌표 속에서 시간만을 특별시 하는 이유가 그렇게 해서 없어지면, 우주의 '시초'라고 하는 출발점(특이점)도 없어져 버리는 셈이다. 이 같은 이유로 탄생기의 허수시간은 본의가 아닐는지 몰라도 그렇게 인정해주기 바란다.

현재의 우주팽창기에는 문제가 없다. 빅뱅에서부터 현재를 거쳐 미래라고 생각되는 방향으로 시간은 진행하며, 과거의 우주는 작고 미래의 우주는 비대해 있다고 한다. 은하도 별도 식물도 인간도 한결같이 시간의 흐름을 타고 '시간'이라는 길을 이동해 간다.

그러나 '닫혀진 우주설'에서 최대로 팽창한 우주가 다시 수축-쉽게 말해서 역행-하기 시작했을 때, 우리는 시간을 예전처럼 인식해도 되는 것일까? 호킹의 지구모형으로 말하면 북반구를 남하하고 있는 동안은 좋다. 적도를 넘어 남반구로 들어가, 남극점을 겨냥하여 진행할 때 '시간'이라는 것이 어떻게 되느냐는 것이 문제다.

마음의 시간

길이라든가, 면적이라든가, 무게라든가는 기본적인 물리량이다. 그것은 인간이 시각이나 촉각에 호소하여 그 크기를 판별할 수 있는 데서부터

174

자연과학의 양으로 되었다. 한난의 정도도 본래는 인간의 피부를 자극하는 감각으로서 다루어졌으나, 이윽고 물체가(예를 들어 수은이나 알코올이) 온기, 열기에 따라서 커지는 것을 알고, 온도를 객관화, 시각화, 수치화 하는 데에 성공하여 물리학의 기초부문의 하나인 열학이 발달했다.

생각해 보면 여러 가지 물리량은 본래 그 대부분이 시각, 아니면 청각, 촉각에 바탕을 두고 있다. 미각이나 후각 또한 일상적으로 중요한 감각이며, 어느 의미에서는 알기 쉬우나, 이것을 객관화 하여 정략적인 물리학을 만들기까지 이르지 않았다.

그러나 시간, 즉 시간의 흐름이라고 하는 것은 모두가 항상 경험하고 있는데도 불구하고 직접으로는 인간의 오감(五感)에 의해 지각되고 있지 않다.

우리가 잠을 자고 있을 때는 시간이 지나가는 것을 모른다. 낮잠을 자다가 저녁에 눈을 뜨고는 '아침일 텐데 왜 저녁일까?' 하고 생각한 경험을 가진 사람도 있을 것이다. 또 골똘히 일을 하고 있을 때의 시간은 짧고, 무언가(누군가를)를 기다리고 있는 시간은 길다. 그러므로 이것들을 모두가 심리적인 '표현'이며, 시간은 태곳적부터 아무 변화도 없이 같은 속도로 계속하여 진행하고 있다는 것을 우리는 믿고 있다.

여기서 중요한 점은 '믿고 있다'고 하는 것이다. 아직은 저녁이라고 생각되는데도 자기의 시계가 오후 9시나 10시를 가리키고 있으면 우리는 '이 시계는 빠르다'고 말한다. 그러나 자기 시계뿐만 아니라 온 동네의 시계 전체가 9시나 10시라면 '오늘은 내 머리가 좀 이상한가 보다'라고 생각한다. 아무리 자신을 믿는다고 해도 인간은 때로 시간적 변조가 있다는 것을 알고 있기 때문이다.

하지만 온 동네의 시계가 모조리 10시이고 이미 밤은 깊어져 있다. 그러나 동네 사람들이 모조리 '아니, 아까 막 점심을 먹지 않았느냐. 이상하다, 정말 이상하다. 이건 천변지이(天變地異)다' 하고 떠들어대면 어떻게 될까? 아마 텔레비전의 뉴스에 정신에 팔 것이다. 그리고 그 텔레비전마저 시계의 진행이나, '왜 이렇게 해가 빨리 졌느냐'하고 의심스러워하는 보도를 했다면 그야말로 바로 SF의 세계다.

자기 혼자라면 몰라도 온 동네 사람이 모조리, 아니 국민의 대부분이 자기와 같은 말을 한다면……아마도 인간은 시계보다 그 쪽에 동의할 것이다. 동네 사람들이 그렇게 말하고 있으니까, 틀림없이 어떤 원인으로 시계에 고장이 생겼을 것이다 하고…….

시간의 경과를 이와 같이 자기 또는 자기들의 신경에 의해 판단하는 것은 '의식(마음)의 시간'이라 부른다. 물리학의 발상(發祥)이 모두 오감에 접촉하는 데서부터 시작한 것이라면 시간도 의식의 시간을 정통적인 것이라고 생각해도 될 성싶다. 그러나 누구나 다 그렇게 말한다. 그러므로 시계나 별의 움직임보다 여러 사람 모두가 말하는 쪽이(물론 자신의 포함하여) 옳은 것이다……고 하는 것은 부화뇌동(附和雷同)적이고 근거가 희박하다.

자연은 평균화를 겨냥한다

태양이나 달의 운행과는 별도로, 또 우리의 의식과는 별도로, 신변에 있는 것의 변화로부터 정의되는 '시간'이 있다.

알기 쉬운 예를 말한다면, 언덕길 위에 구슬을 가만히 놓았다고 하자. 구슬은 데굴데굴 언덕 아래로 굴러갈 것이다. 이때는 구슬의 위치가 시계의 역할을 하고 있다. 언덕길이 아니라도 좋다. 초속(初速) 없이 지구 표면 가까이에서 자유낙하를 시킨 물체에서도 마찬가지다. 그 밖에 속이 빈 대롱 속을 압력에 의해 물이 흐르거나, 도선의 양단의 전위가 다를 때에는 전류가 생긴다. 이 같이 물질의 이동이 한 방향으로 이루어지고, 반대 방향으로는 생기지 않는 따위의 현상을 도처에서 볼 수 있다.

물체가 왜 낙하하느냐고 하는 물음에 대답한다면 (그런 일은 당연하지 않느냐고 해버리면 그만이지만), 위치에너지라는 것은 그것이 자유로이 감소할 수 있는 상태에 있으면 (즉 물체가 선반 위에 얹혀 있는 것이 아니라, 가령 공중에 떠 있다고 하면) 금방이라도 그것을 감소하려 드는 것이다. 실제는 낙하 도중에 위치에너지는 운동에너지로 바뀌고, 마룻바닥에 떨어져서 열에너지로 된다.

수도관이나 전류에서는 그 압력원이 어떻게 되어 있느냐에 따라 한마디로 설명할 수가 없으나, 수도라면 저수탱크의 물의 위치에너지가 시간과 더불어 줄어들고, 전류라면 다소나마 도선의 어딘가에 전기저항이 있을 터이므로 전기에너지가 줄열로 바뀐다. 어쨌든 물체라든가 상태라든가 특정 방향으로만 이동해 가는 것이다.

바람이 불면……앞면이 5,000장, 뒷면도 5,000장으로 된다.

금속막대의 한 끝을 뜨거운 물체에 다른 한 끝을 찬 물체에 접촉시켜 두면, 열은 뜨거운 쪽에서부터 찬 쪽으로 이동해 간다는 것은 잘 알려져 있다. 이때는 물체의 낙하나 회전과는 달라서 위치에너지가 감소하는 것은 아니다. 그렇다면 열의 이동을 지배하고 있는 것은 무엇일까?

이동의 결과는 고온부의 열이 저온부로 옮겨간 것뿐이며, 에너지의 손실과 이득의 차이는 제로이다. 손익이 없는데도 고열원은 다소 식어지고, 저열원은 더워지려 하고 있다. 사실은 이것이 핵심이며, 자연계의 질서는 항상 평균화의 방향으로 나가가고 있는 것이다.

고온이라고 하는 것은 고체나 액체라면 원자나 분자의 진동이 세찬 것, 기체라면 분자 속도(정확하게는 운동에너지)의 평균값이 크다는 것을 의미하고 있다. 그리고 고온과 저온을 어떤 방법으로써 (이를테면 여기서처럼 금속막대로) 연결시켜 주면, 빠른 분자와 느린 분자가 뒤섞여서 균일화 방향으로 자연계는 움직여진다.

물체의 낙하는 위치에너지의 감소이며, 자연계는 이것을 적극적으로 감소시키려 하고 있다. 그러나 서로 다른 온도의 평균화라고 하는 것은 이보다도 약간 소극적이고 에너지의 손익은 없다. 단순히 에너지로 본다면, 열이 저온부로부터 고온부로 흘러가도 아무 불합리가 없는 듯한 마음이 들지만, 절대로 그런 일은 없다.

에너지의 손익은 없으나 열의 이동처럼 한 방향으로 물리현상이 이동해 가는 것을 불가역과정(不可逆過程)이라 부른다. 그리고 열에너지도 역학에너지(이를테면 피스톤을 누르는 작업) 속에 포함하여, 전체로서의 에너지가 보존되는 것을 열역학의 제1법칙이라고 부른다. 이것에 대해 불가역 변화가 일어나는 것을 법칙화한 것을 열역학의 제2법칙이라고 한다.

자연계는 빠른 분자만이라든가 느린 분자만으로 갈라지는 것보다, 만약 울타리를 제거해 준다면, 균일하게 섞여지는 것이 당연한 것이다. 물질은 혼합하기 쉬운 것이다. 빠른 분자와 느린 분자로 자연히 갈라져 버리는 따위의 일은 없다고 하는 것이 열역학의 제2법칙이다.

그리고 수학을 사용하여 혼합 상태를 수식화 하고, 그것을 엔트로피(entropy)라고 부른다. 잘 혼합되어 있을수록 엔트로피는 커지도록 정의되어 있다. 그러므로 자연계는 규제가 없는 한, 엔트로피가 자꾸 커진다.

바람이 불면……앞면이 5,000장, 뒷면도 5,000장으로 된다.

트럼프 1만 장을 넓은 땅에 깔았다고 하자. 처음에는 모두 겉을 위로 한다. 이것은 매우 가지런한 경우이다(수학에서는 한 가지 방법밖에 없다고 말한다). 이 상태의 엔트로피는 지극히 작다.

다만, 이 땅에 바람이 불어본다. 한 장만이 뒤집어보면 상태가 근소하게 흩뜨러졌다고 생각한다(방법은 1만 가지). 두 장이 뒤집힌다. 석장이 뒤집힌다는 식으로 카드의 앞뒤의 수가 변화해 간다. 이때의 엔트로피는 증가하는 것이 된다. 그리고 결국은 거의 5,000장이 겉, 따라서 5,000장은 뒤집혀진 것으로 되는데, 이것이 가장 엔트로피가 큰 상태다.

여기서 다시 바람이 불면 개개의 트럼프는 확실히 뒤집혀지지만, 전체적으로는 겉과 안이 5,000 : 5,000의 값으로 유지된다. 이와 같이 엔트로피는 증대해 가고, 그리고 최대값에 다다르면 거기서 멈춘다〔포화(飽和)된다고 말하는 경우도 있다〕.

프리고진의 시간

엔트로피란 열역학의 용어로서 참으로 알기 어려운 개념이지만, 요컨 대 유리가 판자모양으로 되어 있으면(규칙적인 형태를 하고 있으므로) 엔트로 피가 작고 그것이 깨져서 산산조각(불규칙)으로 되면 엔트로피는 크다. 그 리고 엔트로피는 커지기는 하지만 작아지는 일은 없다고 이해하면 된다.

농작물이 경작지에 규칙적으로 심어져 있는 상태는 엔트로피가 작조, 잡초에 자라고 잡다한 초목이 뒤섞여 있으면 엔트로피는 크다고 말할 수 있을 것이다.

5장의 트럼프를 손에 가졌을 때, 스트레이트 플러시, 포 카드……로 점 수가 높은 것은 엔트로피가 작고, 제법인 원 페어는 엔트로피가 상당히 크 고, 아무 쓸모가 없는 것은(결국 규칙성이 아무것도 없으므로) 엔트로피가 훨씬 크다.

책장에 잡지에 발행 순으로 늘어서 있는 경우는 엔트로피가 작고, 차례 가 뒤죽박죽인 때는 엔트로피가 크다. 또 잡지가 어떤 것은 세로로, 어떤 것은 가로로, 때로는 비스듬히 꽂혀 있다면 엔트로피는 더욱 크다고 할 수 있을 것이다. 깔끔한 사람의 방은 엔트로피가 작고, 난잡하게 사는 사람의 방은 엔트로피가 크다.

그림 6-1 | 일리아 프리고진. 모스크바 태생의 벨기에 과학자 1977년 노벨상 수상.

이와 같은 인위적인 면에서의 정리, 부정리로 엔트로피를 설명하는 것은 알기 쉬운데, 열역학 또는 통계약학에서도 불규칙성이 많은 정도가 엔트로피의 크기라고 기억해 두면 알기 쉬울 것이다.

엔트로피론을 주제로 하여 열류(熱流), 전류에서부터 널리 화학, 생물학, 나아가서는 사회현상에까지 열역학의 사고방식을 적용시켜 간 사람에 일리아 프리고진(Ilya Prigogine)이라는 과학자가 있다.

그는 1917년에 모스크바에서 태어나, 그 후 벨기에의 브뤼셀대학에서

학위를 따고 1951년 이후 이 대학의 교수로 있었다. 국적은 벨기에이다. 1967년에 미국으로 건너가서 텍사스대학의 통계역학·열역학 연구소장을 겸했다. 1977년에 「비평형(非平衡)의 열역학, 특히 산일구조(散逸構造)의 연구」로 노벨 화학상을 수상했다. 산일구조라는 말만은 들어본 적이 있다는 독자도 적지 않을 것이다.

산일이라는 말은 보통 '여기저기로 흩어져서 없어져 버린다'는 의미로 사용된다. 여기서는 무엇이 산일하느냐고 하면 에너지가 산일한 것이다.

에너지에 질의 좋고 나쁨이 있다는 것은, 열역학을 다소라도 공부한 사람이라면 알고 있을 것이다. 50℃의 더운물 2리터보다도 0℃의 물 1리터와 100℃의 더운물 1리터를 섞은 편이 쓸모가 있다. 즉 후자의 온도차가 있는 커플 쪽이-온도차를 이용하여 일을 할 수 있으므로-같은 에너지량이더라도 양질의 에너지를 지니고 있다고 볼 수 있는 것이다. 또 공이 마룻바닥에 떨어져서 그 운동 에너지가 열에너지로 바뀌는 일은 있어도 그 반대는 없다고 하는 것은 운동에너지 쪽이 질이 좋기 때문이다. 그리고 양질의 에너지라고 하는 것은 엔트로피가 작다.

따라서 에너지가 산일한다는 것은 그 엔트로피가 자꾸 커진다는 것이다. 엔트로피가 자꾸 크게 되어가는 것과 같은 비평형상태에서는 독특한 안정구조-그것을 산일구조라고 부른다-가 생긴다는 것을 수식으로 해명한 것이 프리고진의 업적 중 하나다.

수증기를 포함한 대기가 지표에서 가열되어 자꾸 상승해 가서, 이윽고 멋진 비늘구름으로 된다……고 하는 것은, 산일구조의 한 예로서 자주 들

그림 6-2 | 비늘구름은 산일구조다

어진다. 우주에는 천체의 핵융합이나 중력수축으로 발생한 복사(輻射)가 충만해 있는데, 우주는 자꾸만 팽창하고 있기 때문에 이 복사가 엷어져서 현재도 여전히 비평형상태에 있다.

프리고진은 또 우주의 탄생에 있어서 진공이 물질과 중력에너지로 분리하는 과정을 열역학적으로 계산하여, 이것이 엔트로피의 생성과정이라는 것을 밝혀냈다.

프리고진의 연구 내용을 한마디로, 아니 말로만 설명한다는 것은 매우

184

힘들다. 결국 그가 말하려는 것은, 자연계의 도처에서 발견되는 일반통행적인 현상(불가역과정)에는 항상 엔트로피의 생성 또는 증가가 수반한다는 점일 것이다. 불가역과정은 시간과 더불어 진행하므로 엔트로피 생성(증대)과 시간과는 불가분의 관계에 있다.

프리고진은 거시적(macro)인 세계에서는 시간 반전이 가능하다고 하는 일부 물리학자의 생각에 의문을 품고, 엔트로피의 증대 방향에 '시간이 화살'이 존재한다는 것에 대해 상세히 검토했다.

그리고 천문학에서 사용하는 시간과는 본질적으로 다른 '내부시간'이라는 개념을 설정하여, 국부적인 시간이나 공간에서의 불안정한 역학계로부터 내부시간이 결정된다고 생각했다. 결국 그것이 생물계, 즉 우리 인간의 사고에까지 관계하고 된다고 주장하고 있는데, 솔직히 말해서 그의 논설은 어느 의미에서는 형이상적인 의미를 더불어 지니는 것으로서, 이것을 이해하는 데는 그와 마찬가지의 관념적인 사색이 필요하다는 점을 덧붙여 두겠다.

물론 '시간이란 엔트로피가 증대하는 방향을 말한다'고 하는 주장은 많은 물리학자와 화학자에 의해 제창된 것이지만, 프리고진만큼 이 문제에 대한 논지를 정확하게 내세운 사람은 적을 것이다. 그리고 앞에서 말한 '상당히 시간이 지났구나' 하고 생각하는 것은, 바로 인간의 생리로서의 신진대사라고 하고 있다.

인간의 심경은 일단 회로를 형성하고 나면 그 회로는 좀처럼 단절되지 않는다고 한다. 이런 시절에 익힌 수영, 자전거, 죽마 등은 오랫동안 연습을 하지 않아도 금방 직감을 되찾을 수 있다고 하는 것도 그 때문이라고 한다. 이것들은 전적으로 불가역적인 변화일 것이다. 과거의 일은 보통은 기억으로서 두뇌에 남아 있다. 그리고 당연한 일이지만 미래의 일은 알지 못한다. 이런 것 등은 인간의 생리도 물리적인 불가역현상에 고스란히 지배되고 있다는 것의 증거일 것이다. 호킹도 되풀이하여 말하고 있는 '의학의 시간'은 '엔트로피적 시간'과 완전히 같다고 하는 생각은 프리고진이 일찍부터 결론짓고 있었던 일이다.

엔트로피 시간이란 다른 말로 하면, 물에 빨간 잉크를 떨어뜨렸을 순간에 구상(球狀)으로 되어 있을 때가 가장 과거, 빨강이 약간 퍼진 것이 그 다음, 이윽고 빨간 부분이 물 속으로 더욱 확산하여 용액이 균일하게 핑크색으로 된 것을 제일 미래라고 정의한 시간을 말한다. 그리고 인간의 의식은 뇌세포라든가, 또는 위의 상태라든가, 요컨대 그것들의 전부이겠지만, 어쨌든 그것들이 불가역적으로 변화해 갈 때 '시간'이 경과했다고 인식하는 것이다.

나이를 먹던 옛날이 좋았구나……

다시 우주시간으로 이야기를 돌리기로 하자. 호킹의 주장을 들추어보면, 1985년 6월에 일본에 왔을 때와 1990년 9월의 경우에는 그의 주장이 바뀌었다. 이런 의미에서 낡은 주장과 새로운 주장이 뒤섞여 있고, 그것을 해설한 책도 혼란을 일으키고 있다.

어쨌든 앞으로 수백억 년 후의 우주의 시간이 어떻게 되어 있을까를 논한 것이므로, 실험이라든가 관측 등의 방법이 있는 것은 아니다. 그것을 주장하는 사람의 사고방식으로 받아들이는 수밖에 없다. 그리고 호킹은 일단 그 나름으로 쌓아올린 시간의 개념을 완전히 버리고 180도의 다른 견해를 제시하고 있다.

1985년, 즉 낡은 쪽의 강연부터 소개하기로 하자. 지구모형에서 우주가 팽창하여 마침내 최대한 적도까지 왔을 때 시간은 역전한다고 호킹을 말했다. 바로 'back to the past'이다.

여기서 시간을 둘로 나누어 하나를 우주시간, 하나를 엔트로피 시간이라 부르기로 하자. 우주시간은 호킹의 정의에 의한 것이지만, 엔트로피 시간은 또 열역학적 시간이라고도 하고, 이것은 프리고진의 이야기에서 말했듯이 인간의 의식하는 시간과도 같다. 호킹은 수백 억 년 후의 지구모형에서의 남반구 시대로 들어가면, 우주시간도 열역학적 시간과 더불어 역전한다고 생각했다. 즉 적도를 끼고 북반구와 남반구는 완전히 대칭이라고 생각했던 것이다.

우주시간이 역전한다면 빅 크런치는 빅뱅과 마찬가지로 생각할 수 있고, 당연한 일로 허수시간에 의해서 특이점을 잘 제거할 수가 있다. 또 빅 크런치의 10^{-44}초 전(우주시간을 역전시켰으므로 10^{-44}초 후라고 할까), 10^{-36}초 전……등은 북반구의 경우와 전적으로 같다고 생각해도 된다. 우주의 탄생무렵을 추측하고 있으므로, 반대의 경우도 특별이 이상한 일은 일어나지

역행하는 시간이란……?

않는다고 생각해도 된다. 이런 의미에서는 우주를 물리적으로 기술하는 것은 수월하다.

그렇다면 열역학적 시간, 즉 의식의 시간도 반대로 되어 있다고 하는 것은 무엇을 말하는 것일까?

앞에서도 보았듯이, 의식의 시간 방향은 질서로부터 혼돈으로, 엔트로피가 작은 것에서부터 큰 것으로 향할 때와 일치하고 있다. 그것은 의식의 시간이 역행한다는 것은 엔트로피 증대의 법칙을 역행한다는 것이다. 그렇다면 그때 열역학의 제2법칙은 어떻게 될까? 그런 법칙은 우주라고 하는 터무니없이 광대한 세계에서는 때로(바로 수백 억 년이라는 단위로) 무시되는 일이 있다고 하는 것일까?

호킹의 모형에서는 극한 팽창에 다다른 우주는 빅 크런치에서 미끈하게(특이점을 거치지 않고) 수축으로 전환하고 동시에 우주의 엔트로피도 증대로부터 감소로 전환한다. 이때 의식을 가진 생물(예컨대 인간과 같은)이 있어서 수축해가는 우주를 본다면, 우주는 팽창하고 있듯이 보일 것이다. 왜냐하면 그의 의식의 시간은 역행하고 있으니까……라고 하는 것이 호킹의 설이다.

그러나 의식의 시간이 역행하는 생물이란 도대체 어떤 생물일까? 가령 우리가 우주 바깥에 있어서 그 생물을 관찰한다면 다음과 같은 광경을 보게 된다.

그(라고 해 두자)의 송장은 무덤에서 빠져 나와 죽음으로부터 소생하여 삶을 얻는다. 맨 처음 그는 나이를 먹고 있었으나 이윽고 청년이 되고, 세월을 거쳐(?) 아기로 된다. 소년은 늙기 쉽고가 아니라, '노인은 젊어지기 쉽고 학문은 성취하기 쉽다'는 격이 된다. 노인인 그의 두뇌에는 처음부터 경험과 학습 성과가 꽉 차 있고, 이것이 그가 젊어짐에 따라서 서서히 상실되어간다. '세월이 흐르는 게 빠르구나' 하는 감개도 자기 머리 속에 남아 있는 기억이 적어지는 것에 따라 한층 깊어진다……? 아니 그래서야 의인화(擬人化)가 너무 지나치다. 사실인즉 우리가 이해하고 있는 것과 같은 '의식'은 시간이 역행하는 세계에는 존재할 수 없는 것이 아닐까? 사물을 배우고, 기억을 축적하여 뉴런(neuron)의 네트워크가 차츰 형성되어 간다……이것이 의식의 시간의 방향이라고 할 것이며, 이것을 역행하는 뇌의 활동이라는 것은 좀 생각하기 어렵다.

물론 호킹은 그런 생물이 있다고는 말하고 있지 않으나, 그의 모형의 남반구에서는 그러한 생물의 의식을 통해서 우주의 팽창을 관측하게 한다.

물리학은 물리학, 생물학은 생물학, 우주는 우주라고 하는 사고방식도 굳이 불손하다고 말할 수는 없다. 물리학의 여러 법칙은 생물학의 연구를 추진하는 데에는 그다지 직접적인 소용이 되지 않으며 그 반대도 또한 그러하다. 그러나 엔트로피 증대라고 하는 물리 법칙은 우주에 적용할 때는 눈을 감아도 된다는 보증이 있을까?

호킹의 선배인 펜로즈는 그것과는 다른 설을 세우고 있었다. 우주의 후반, 모형으로 말하면 남반구에서 우주시간은 남에서 북으로 역전하는데 의식의 시간(열역학적 시간) 쪽은 적도를 넘어서 그대로 남하한다고 했다. 그러므로 의식의 시간에는 단락이 없고, 엔트로피는 시종 확대하는 방향으로

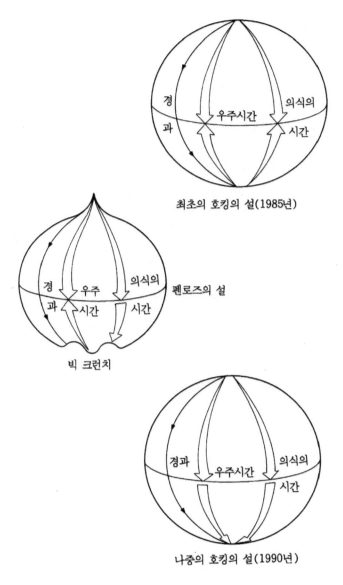

최초의 호킹의 설(1985년)

펜로즈의 설

빅 크런치

나중의 호킹의 설(1990년)

그림 6-3 | 호킹의 설과 펜로즈의 설

나간다. 형태가 있는 화병은 깨어지고, 태풍이 있으면 산과 들은 황폐해진다. 생물은 탄생에서부터 죽음으로 옮겨감으로 현재의 자연현상과 모순될 것은 없다.

다만 우주시간은 반대이므로 지금 남극점의 빅 크런치로 생각되고 있는 점은, 펜로즈식으로 말하면 빅뱅에 해당한다. 그리고 우주시간으로 보았을 경우 그 시간에 함께 우주는 팽창하고 있는 것이 된다.

그러나 의식이 시간과 우주시간의 역방향이라고 하는 것은 도대체 무엇을 말하는 것일까? 생각해 보면……이것도 어려운 문제이다.

여기서 호킹의 최초의 설로 되돌아가 보면, 호킹은 최초 우주가 팽창하여 보이는 방향을 우주시간의 방향이라고 정의했다. 따라서 우주가 수축해 보이는 남반구에서 우주시간은 역행한다고 가정했던 것이다. 그나저나 우주는 끝도 경계도 없는 닫혀진 유한한 시공이어야 한다고 생각했기 때문이다.

펜로즈의 우주시간도 호킹과 같은 취지라고 생각되지만, 우주가 수축으로 전환하더라도 엔트로피만은 그대로 자꾸 증대한다고 하는 것은 사실일까?

생각을 고친 호킹

호킹은 1990년 9월, 사토(佐藤勝彦) 교수 등의 진력으로 도쿄대학에서의 우주론 국제회의에서 강연했는데, 이때는 5년 전에 한 자기 설을 취소하고 시간의 화살 방향을 완전히 바꿔 놓았다. 지난 번의 경우에는 지나치게 '대칭'에 집착해 있었다. 종말은 뒤집으면 곧 시초이고, 엔트로피는 우주의 팽창과 더불어 확대하고 수축과 더불어 감소하지 않으면 안 된다고 생각했다고 한다. 그러나 그의 동료인 돈 페이지(Don Papge, 1948~)나 레이먼드 라플람(Raymond Laflamme, 1960~) 등의 연구에 의해, 팽창 때와 수축 때로서의 여러 현상이 전혀 다르다는 것이 밝혀졌다. 간단한 열역학의 계산에서도 기체 등의 (이것은 액체나 고체에서도 같지만) 부피가 팽창하면 엔트로피는 커지는 것이다. 기체분자의 활약 장소가 확대되어 그만큼 많은 장소로 갈 수가 있어 난잡성이 커진다. 액체나 고체에서도 진동이 완만해져서(진동이 작아져서) 그만큼 난잡해지고, 난잡성은 계산상 엔트로피의 증대로 이어진다. 이런 까닭으로 우주의 수축기에는 난잡성(엔트로피)이 감소한다……시간의 방향은 난잡성이 증대하는 방향이 아니면 안 된다고 해서, 5년 전의 강연에서는 우주의 최대 시기에서 시간은 역전한다고 했다.

그러나 그 후의 연구에서 수축기는 결코 팽창기를 역방향으로 한 것이 아니고, 차라리 노쇠기라고 부르기에 걸맞은 것이라고 결론을 얻었던 것이다.

청년기에는 키가 가장 컸지만, 그 이후는 다시 젊어져서 키가 줄어드는 것이 아니라, 나이를 먹어 약간 쇠약해져서 수축해가는 것이라고 생각하면 된다. 우주 공간은 축소하지만 우주의 난잡성은 도리어 증가한다고 하는 것이 페이지와 그 밖의 호킹 동료들의 연구이며, 그도 시간 반전성을 뒤집고 시간 순행설을 취하기에 이르렀다. 따라서 이번에 주장에 따르면 지구형 모형의 적도를 넘어섰다고 해도 불연속인 일은 아무것도 일어나지 않는다. 의식의 시간은 그대로 남반구를 계속하여 남하하는 것이다. 이것은 대체로 펜로즈의 설과 같다.

우주 공간에서는 아마도 커다란 블랙홀이 다른 천체를 삼켜들일 것이다. 블랙홀은 발달하여 여기저기에 나타난다. 블랙홀의 사건의 지평선 속은 정상적인 시공간이 아니다. 썩은 얼룩점이라고 하면 표현이 나쁘겠지만 그와 비슷한 것을 상상해도 될 것이다. 우주 공간의 여기저기가 썩어든다. 우주의 종말은 아무래도 깨끗하다고는 말하기 어렵다. 빅뱅에 의해 태어나서 발달 도상에 있는 우주는 싱그럽지만, 노쇠기의 그것은 추악하다고 말하면 좀 감정적이 아니냐고 말할까.

어쨌든 우주의 감쇠기가 아니고 발전기에 우리는 생활하고 있다. 인간만이 이 우주에서 특별히 지혜롭고 현명한 올바른 판단을 하는 동물인지 어떤지는 의심스럽지만, 그러나 호킹은 '왜 우주의 팽창과 같은 시기의 방향으로 무질서(엔트로피)가 증대하느냐'고 하는 질문을 할 수 있는 지적생물이 존재하기 위해서는 우주의 수축기를 걸맞지 않다고 한다. 이와 같은 사고는 인간 원리라고 불리고 있다. 결국은 '생각하는 인간으로 돌아간다'는 것일까?

수축우주에서 엔트로피의 증가

용기에 들어간 기체의 엔트로피는 온도나 부피가 불어나면 커진다. 그러나 용기의 표면적에서는 직접적으로 관계하지 않는다. 물론 부피가 1,000배로 되면 표면적은 100배가 됨으로, 그런 의미에서는 기체의 엔트로피가 표면적과 관계가 없다고는 할 수 없으나, 그러나 표면적은 부피의 증가 만큼은 증가하지 않으므로 엔트로피의 추정에는 사용하지 못한다.

그러나 호킹은 블랙홀의 엔트로피와 사건의 지평선을 관계시켰다. 그는 1972년에 브랜던 카터(Brandon Cater, 1942~), 짐 바딘(Jim Bardeen)들과 논문을 써서 그 면적과 엔트로피 사이에는 밀접한 관계가 있다는 것을 제시했다.

지금 2개의 블랙홀이 충돌하여 하나가 되었다면 그 크기는 얼마가 될까? 이 덩어리를 점토공과 같은 것으로 생각하면 부피는 2배, 반경은 $\sqrt[3]{2}$ =1.26배, 표면적은 $(\sqrt[3]{2})^2$=1.59배밖에 안 된다.

엔트로피, 즉 난잡성의 정도라는 것은 2개가 모이면 그 2개의 합이 되거나, 경우에 따라서는 (이것은 엔트로피의 정의에도 따르지만) 2개의 합보다 훨씬 더 증가해야 하는 것이다. 대상이 많아지면 많아질수록 그 난잡성의 정도라는 것은 대상의 증가 이상으로 불어나는 것이라고 생각하면 된다. 방 안에서 두 아이가 놀고 있는 경우보다 네 아이일 때가 흐트려 놓기는(2배가 아니라) 3배나 4배가 되는 것이다.

그런데 블랙홀의 중심으로부터 사건의 지평선까지의 길이(즉 슈바르츠쉴트의 반경) R은 R $= 2GM/c^2$이 된다. 이것은 천체질량의 주의에 광속도(c)로 인공위성을 날게 하는 경우의 공식으로부터 간단히 이끌어 낼 수 있다. G는 만유인력상수다.

이와 같이 반경이 질량에 비례한다는 것은 매우 희한한 식이다. 보통의 물체라면 반경의 세제곱이 질량에 비례할 터인데, 그렇지 않는 것이 블랙홀의 특징이다.

여기서는 블랙홀의 크기를 문제로 삼는 것은 아니다. 그 표면적(R^2에 비례)을 생각해 보고 싶은 것이다.

같은 크기의 블랙홀 2개가 결합하여 큰 블랙홀로 되었다고 하자. 이 큰 블랙홀의 표면적은 보통의 역학처럼 1.59배가 아니고, R이 M에 비례하여 2배이므로 표면적은 4배로 된다. 같은 블랙홀이 2개로써 반경이 2배(표면적은 4배), 3개로써 반경은 3배(표면적은 9배)……라 듯이 이외에도 두드러지게 커지는 것이다. 블랙홀 특유의 성질이다.

엔트로피라는 것을 합체하면 단순한 덧셈이 아니라 더 커지는 것이라고 말했다. 그렇다면 블랙홀의 표면적이 엔트로피라고 생각하는 것은 매우 타당하다. 그리고 우주의 수축기에는 블랙홀은 때로는 밝은 별을 삼켜들이고, 때로는 서로 충돌하여 하나의 홀로 될 것이다. 그러나 우주 전체의 엔트로피는 블랙홀의 표면적의 증가와 더불어 커져 간다. 지구형 모형에서 적도로부터 남극으로 향하는 방향이 엔트로피의 시간의 화살, 결국은 의식의 시간 방향이라고 생각되는 이유 중 하나이다.

다만 블랙홀의 표면적이 왜 엔트로피냐 하고 꼼꼼히 따지고 들면 좀 곤란하다. 열역학적으로는 방금 말했듯이 꽤나 합리적으로 설명할 수 있다. 그러나 엔트로피란 본래 난잡성(불규칙성)의 정도를 말한다. 블랙홀의 내부에 대해서는 아무것도 모른다. 그러나 표면 가까이에서는 앞에서 말했듯이 양자론적인 이유로 쌍입자가 발생하여(물론 쌍의 발생은 표면이 아니더라도, 우주 어디에서도 가능하지만), 그 하나를 삼켜들이고 나머지는 팽개쳐버리는 묘한 일을 한다. 이런 일은 블랙홀의 표면밖에 없다. 무슨 일이든 까다로운 현상이 일어나는 곳에서는 혼란이 많고 상태가 난잡해진다. 좀 억지스런 논법일지 모르나 표면적, 즉 엔트로피라고 하는 도식도 결코 무리가 아니라는 마음이 든다.

블랙홀 속에서는 시간 축과 공간 축이 교체된다고 앞에서 말했다. 이것도 꽤나 재미있는 사고방식이며 그 나름의 합리성이 있지만, 호킹은 블랙홀의 중심을 빅 크런치의 특이점과 마찬가지로 생각하고 있었던 것 같다. 그러므로 그는 최초에는 딱 남반구를 진행하는 경우와 마찬가지로, 블랙홀 속에서는 시간이 역전한다고 말했다. 그러나 나중의 강연에서 수축기의 시간 반전을 부정한 것과 마찬가지로, 블랙홀 속에서도 시간은 반전하는 일 없이 정상적으로 진행하고 있다고 고쳤다.

이와 같이 블랙홀 속에서 시간이 반전이니 순방향이니 또는 시간이 공간으로 되어버리느니 하고 말한들 독자는 헷갈릴 뿐이다. 사실 아무도 속을 들여다본 사람은 없다. 제창자는 제각기 자신의 계산식으로부터 결론을 말하고 있지만 사람에 따라서 꽤나 다르다. 요는……잘(아니, 전혀) 알지 못하는 것이다. 그러므로 책을 읽을 때는 '그런 설도 있구나' 하는 정도에 그치는 편이 무난할 것 같다.

커다란 모순

엔트로피 증대라든가 통계적으로 불가역이라는 따위로 말하지만, 이것들은 작은 입자가 방대한 개수가 모여서 펼쳐내는 현상이다. 그러므로 가령, 개개 입자의 거동을 추구할 수 있다고 한다면 모든 것은 역학으로서 기술할 수 있게 된다. 여기서 거시(巨視: macro)의 견해와 미시(微視: micro)의 사고를 더불어 생각해 보자. 엔트로피 증대의 상태를 상자 속의 기체분자로서 생각해 본다.

기체분자가 상자의 구석 한 부분에 집합하고 그 밖의 부분이 진공이라면, 이 상태의 엔트로피는 작다고 한다. 그 상태로부터 기체 분자를 해방시키면 분자는 금방 상자 속으로 균일하게 퍼지고 밀도는 어디서나 같아진다. 그 상태가 가장 엔트로피가 큰 상태이다. 그리고 자연이라고 하는 것은 항상 엔트로피가 큰 쪽으로 자꾸 옮겨가서 최대값에 다다른다는 것은 이 예로서도 충분히 이해할 수 있다.

그러나 이 기체를 분자 수준에서 생각하면 분자는 자주 충돌을 반복하고 그 결과 상자 속으로 균일하게 퍼져 나간다. 그리고 역학적인 충돌에서는 그때까지 일어났던 것과는 반대의 충돌도 물론 생길 수 있다. 즉 2개의 분자 충돌을 가령 영화로 찍을 수가 있다고 하고, 그 필름을 역전시켜 스크

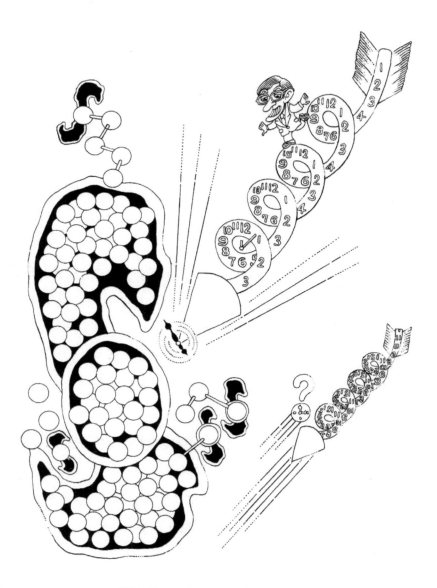

시간의 화살은 입자집단이 가는 쪽으로 향한다

린을 보더라도 조금도 이상하게 보이지는 않는다. 시간의 화살을 역으로 한 분자 충돌의 상태도 자연계에 존재한들 아무런 지장은 없다.

여기서 처음에는 구석에 집합해 있다가, 이윽고 상자 속으로 균일하게 퍼져 나간 기체에 대해, 어느 순간 '뒤로 돌아가' 하고 구령을 걸었다고 치자. 분자는 그 구령이 있은 후 모두 같은 속도로 역방향으로 달려간다고 가정하는 것이다. 구령이 내려진 직후의 기체 밀도에는 짙고 옅은 데가 없고, 속도에 관해서도 빠른 것과 느린 것이 알맞게 존재해서 부자연한 데는 조금도 없다. 즉 뒤로 돌아간 것만으로는 그 기체의 상태는 역시 엔트로피 최대로서 가장 자연스런 상태이다.

그런데 '뒤로 돌아가'를 실시하면 시간의 방향을 반대로 한 것에 해당한다는 것을 금방 알 수 있을 것이다. 각 입자는 그때까지 가던 길을 되돌아와서, 그때까지의 역충돌을 실현하여……이윽고 이론적으로는 기체분자의 상자 구속에 집합하는 것이 된다. 즉 엔트로피가 큰 상태로부터 작은 상태로 옮겨가는 것이다. 이것은 이상하다. 자연법칙, 즉 열역학 제2법칙에 위배되기 때문이다.

요약하면, 역학적인 충돌에서는 반대로 성립하지만 대부분의 분자의 집단적 행동을 보면 역현상이 일어나지 않는 것이 현실인 것 같다. 입자 하나하나는 개수가 아무리 많더라도 역시 역학법칙을 따르지 않으면 안 된다. 이와 같이 개별적으로는 역행해도 되지만, 집단적으로는 안 된다고 하는 것이 열역학이나 통계역학이라는 학문의 결론이다. 그리고 엔트로피 시간, 바꿔 말해서 의식의 시간의 화살이라는 것은 수많은 입자 집단의 방향으로 향하고 있다. 개개 역학에서는 시간의 화살은 어느 방향으로든지 좋을 터이지만, 집단의 통계가 되면 일반적으로 된다. 커다란 모순은 아닐까?

시간의 역전이란 어떤 것인가

'집단이란 그런 것이다' 하고 얼버무리는 것은 좋지 않다. 개체와 집단은 어디가 다르냐고 하는 점을 명확히 하지 않으면 안 된다.

이 문제는 꽤나(아니, 매우) 어려운 것이기 때문에 사람에 따라 해석(또는 해결)하는 방법이 각각 다르다.

(1) 불확정성 원리가 있으므로 분자의 방향을 역전시켜도 분자가 상자 구석으로 집합하는 일은 없다.

이와 같이 양자론을 들고 나와 모순을 회피하려는 방법이 있다. 아마도 이와 같은 마이크로한 세계는 양자론이 지배하는 것이기는 하겠지만, 그리고 양자론을 빼놓는다고 해도 이 문제는 해결되지 않으면 안 될 것이다.

(2) 전체 분자에 대해 '되돌아가' 하고 구령하는 자체가 이미 선발, 즉 엔트로피가 지극히 작은 상태로 만들고 있다.

확실히 이 설은 고려할 만한 가치가 있다. 분자는 상자 속에 균일하게 퍼져 있고, 속도도 각각 다르기는(통계역학적으로 말하면 볼츠만 분포를 하고 있다고 한다) 하지만, 되돌아간 그 상태는 매우 특수해서 다른 경우와는 전적으로 다르다. 이와 같이 많은 분자가 특정한 속도분포를 하고 있는 경우에 한정되며, 그것은 결국 분자가 방구석으로 집합하는 것과 꼭 같으며, 따라서 얼핏 보기에는 상자 속에서 기체가 퍼져 있어도, 그것은 구석에 뭉쳐져 있는 것과 꼭 같다. 그때 엔트로피는 아주 작다……고 하는 이야기에는 도무지 맞장구를 칠 생각이 나지 않는다.

(3) '되돌아가'하는 구령을 우주의 전체 입자에 걸어주면 엔트로피는 감소할 것이다.

필자는 이 설을 가장 신뢰한다-이와 같은 토론에서는 많은 반론을 각오해야 하겠지만, 상자 속의 기체분자라고 한들 분자끼리의 충돌 외에 상자의 벽과도 당연히 충돌한다. 상자도 원자로 구성되어 있으므로 이때도 입자끼리(기체분자와 상자를 구성하는 원자)의 충돌로 된다. 상자의 원자 진동도 물론 역행하여 과거로 되돌아가지 않으면 안 된다. 기체분자와 상자는 열평형 상태에 놓여 있으므로 당연히 상자의 원자 진동도 문제가 되며, 그 상자와 열평형 상태에 있는 주위의 것……으로 라는 식으로 차례로 확대시켜 가면 마침내 지구 전체로 미치게 된다. 아니, 지구는 역학적으로 그리고 열적으로 결코 고립해 있는 것은 아니다. 태양으로부터 광자라고 하는 '입자'를 자꾸 받고 있다. 따라서 '되돌아가' 하고 구령을 건다는 것은, 우주를 달려가고 있는 광자도 마찬가지로 '태양을 향해서 달려가라'는 구령과 같다. 더욱이 광자는 분자나 원자와는 달라서 생성 소멸이 자주 반복된다. 이러한 입자의 여러 가지 현상을-더욱이 우주 전체에서-역행하게 했다고 한다면, 어쩌면 상자 속의 균일한 기체가 구석으로 집합하는 것이 될는지도 모른다.

사실은 여기서 말하는 '되돌아가'라고 하는 것은, 앞에서 말한 우주의 지구 모형에서 북반구를 남하하는 시간을 억지로 역전시켰다는 것이 된다. 그때 엔트로피는 축소 방향으로 향하고, 인간의 뇌의 활동도 역으로 되고 (미래는 기억하고, 과거는 모르는 것으로 될 것이다), 시간의 화살은 반대가 될 것이다. 그러나 상자 속의 기체의 방향뿐만 아니라 모든 우주의 입자를 반대 방향으로 만들게 한다는 것은 불가능한 이야기다. 또 현실적인 시간의 역전이란 그와 같은 '불가능한 이야기'일까?

시간은 대칭적일까?

소립자의 연구에서는 대칭성(對稱性)을 중요시한다. 식 가운데에 나타나는 위치를 나타내는 부호를 마이너스로 했을 때, 이것은 공간 반전(空間反轉)이라 하고 기호 P로써 나타낸다. 지금까지 우로 돌아가는 성질을 가지고 있던 입자를 좌로 돌아가게 해 본다고 생각하면 된다.

소립자에는 모두 보통의 입자와 반입자(反粒子)가 있다. 하기는 광자라든가 전하(電荷)가 없는 파이(π)중간자처럼, 그 자체가 반입자도 겸하고 있는 경우도 있다. 여기서 보통입자를 모조리 반입자로 바꿔놓아 보자. 이것은 하전켤레 변환(荷電共軛 變換)이라고 하고 기호 C로써 나타낸다.

또 하나 시간변화라는 것이 있다. 시간의 부호를 역으로 한다. 즉 과거와 미래를 고스란히 바꿔넣는 것으로 시간 반전(時間反轉)이라 부르고 기호

T로써 나타낸다.

그런데 소립자론에서 모든 것을 뒤집어 놓았을 때, 상황은 결과적으로 전혀 바뀌지 않는다고 하는 법칙이 있다. 이것을 CPT정리라고 하고, 1955년에 볼프강 파울리(Wolfgang Pauli, 1900~1958)와 류더스(Luders)가 증명했다.

문제는 T변환으로서 그 결과 현상에 어떠한 차이가 나타나느냐고 하는 점이다. 역학적 충돌과 같은 단순한 것을 생각하면 T변환으로서 그 결과 현상에 어떠한 차이가 나타나느냐고 하는 점이다. 역학적 충돌과 같은 단순한 것을 생각하면 T변환을 해도 별 이변은 일어나지 않을 듯한 생각이 들지만, 소립자론 전반에 걸쳐서도 그것으로 되는 것인지, 유감스럽게도 T변환 독자에 대한 결과는 모른다. 그래서 C와 P를 양쪽 다 하는 CP변환을 조사하게 되었다.

CP변환에 대해서는 많은 책에서 해설하고 있는데, 아무래도 대개의 경우 변화하지 않는다.

그러나 약한 상호 작용의 일부에서도 과연 정말로 변하지 않는다고 해도 되는가 하는 의문이 생겼다. 1964년에 발 피치(Val L. Fitch. 1923~2015)와 제임스 크로닌(James Watson Cronin, 1931~2016)이 중성 K중간자가 붕괴하는 가운데서 CP불변성이 깨뜨려지고 있는 현상을 발견했다고 전했다. K중간자가 II중간자로 파괴될 때 0.3% 정도의 비대칭(非對稱)이 일어난다고 했다. 그들은 이 공적에 의해 1980년에 노벨 물리학상을 받았다.

만약 CP불변이 깨드려지면 T변환에서의 대칭성도 깨드려지게 된다 (CPT변환은 절대로 불변한 것이므로). 이 CP불변의 파탄 때문에 우주의 초기에는 반입자보다 정입자가 근소하게 많았고, 그 결과 현재의 우주는 정입자로써 이루어져 있다고 하는 사고방식도 가능하다. 그리고 초기의 우주가 시간에 관해서 비대칭인 것은 굉장한 빅뱅이나 인플레이션 우주 자체가 말해주고 있다고 주장한 사람도 있다.

그러나 이것은 소립자론의 기본 연구로부터 얻어진 결과이며, T변환 불변의 파탄이 앞에서 말한 엔트로피 시간과 어떻게 결부되는 것인지는 어려운 이야기이다.

결국 우주의 특이점을 피하기 위해, 도입된 '시간의 역전'이기는 하지만, 열역학적으로 고찰하는 한 '역전이 발상'에 도달한다는 것은 꽤나 곤란하다 할 수 있을 것이다.

7장

영원한(?) 시간

7

영원한(?) 시간

나타난 '초현(超弦)'

물리학의 연구는 지금 최종 입자로서 쿼크에 도달해 있다. 쿼크는 6종류가 예상되고 있는데, 최후의 톱 쿼크(top quark)가 아직 발견되지 않고 있다.

자연계에서 중요한 것은 물질이 아니고, 오히려 힘이라는 것은 앞에서 말했다. 이것은 4종류가 있는데, 이 네 가지 힘이 궁극적으로는 하나의 힘에서 근원하고 있을 것이라는 데서 힘의 정리(또는 통합이라고 할까)가 시작되었다. 약한 힘과 전자기력이 와인버그와 살람의 이론으로 통합되고, 그 힘을 매개하는 입자로서 스위스의 세른(CERN)연구소에서 위크보손(weak boson)이 발견되었다. 그러므로 이번에는 강한 힘과 약한 힘, 전자기력을 종합적으로 설명하는 이론이 필요하며, 이것을 대통일이론(大統一理論:grand unified theory)이라고 한다.

자석은 잘 알려져 있듯이 쇠막대이든 또는 그것을 말굽형으로 구부린 것이든 나아가서는 훨씬 더 작은 원자나 소립자이든, 반드시 N극과 S극의 쌍방을 지니는 것이다. 바로 '이것이 자석의 본질이다'라고 하듯이, N의 반대쪽에 S가 존재하고 양자의 자기량(磁氣量)의 절대값은 같다. 그러나 '두 극을 갖는 것이 자석의 본질이다' 하고 인정해버리는 것은, 강한 힘과 전자기력과는 다른 것이라고 구별하는 것이 된다.

따라서 만약 대통일이론이 성립한다면, N극만 또는 S극만의 단자극(單磁極:monopol)이 있어도 된다는 것이 되고 모노폴의 발견은 양성자의 붕괴와 마찬가지로 세 종류의 힘을 대칭적으로 생각해도 된다는 증거가 된다. 여기서 하나의 힘이 별개의 두 종류의 힘으로 갈리지는 것을 '대칭성이 깨진다'고 표현한다.

대통일이론도 그러하지만, 최후의 중력도 이것에 참가하여 단번에 초중력이론(超重力理論)에 도전하려는 시도가 당연히 이루어지고 있다. 이것이 '초현(超弦)'이론인데, 물리학이 초현에 도달하기까지에는 온갖 우여곡절을 겪어왔다.

1950년대에는 매우 많은 종류의 소립자[특히 중(重)입자]가 발견되어, 소립자 인플레시대를 불러왔다. 어쨌든 반입자까지를 포함하면 당시 소립자는 300종류 이상이 되었다. 소립자를 하나 발견하면 노벨상……이란 과거의 신화에 불과하게 되었다. 여기서 새로이 발견된 많은 소립자는 기본입자의 들뜬(여기)상태라고 해석되게 되었다. 요컨대 어떠한 의미로, 높은 에너지 상태에 있을 때는 마치 다른 입자처럼 보이는 것이다.

들뜬상태(勵起狀態)라고 하는 것을 고전물리학 가운데서 찾아보면, 현(弦)의 진동에서 같은 현상을 볼 수 있다. 바이올린이나 거문고의 현을 타면 기본 진동이 있고, 파장이 그 기본 진동의 절반인(따라서 그것으로부터 나오는 음파는 1옥타브 높다) 배진파(倍振派), 파장이 3분의 1인 3배진동……이 생긴 다는 것은 잘 알려져 있다.

이런 일로부터 기본 입자는 결국 현 또는 끈과 같은 것……이라고 하게 되고, 이러한 힌트를 실마리로 하여 이른바 초현이론이 태어났다. 일본의 난부요이치로(南部陽一郎), 런던대학 퀸메이리대학의 마이클 그린(Mikel Green), 캘리포니아공과대학의 존 슈바르츠(John Schwarz, 1941~)가 이 이론을 발전시켰다. 그러나 물리학회에서 인정을 받게 된 것은 1980년대 후반이다.

이 '현'은 양 끝이 있는 한 가닥의 것도 생각할 수 있고, 닫혀져서 고리로 된 것도 생각할 수 있다. 다만, 그 길이는 -참으로 놀라운 것으로서- 플랑크의 길이, 즉 10^{-35}미터 정도로 하지 않으면 안 된다. 여기서 처음으로 소립자론에 플랑크의 길이가 나타났고, 이것이 우주 개벽 때의 크기로 이어지게 된다.

26차원

초현이론에서 아주 상상 밖에 있는 것이 그 차원(次元)이다. 우리가 사는 세계는 3차원의 공간과 1차원의 시간으로 도합 4차원이다. 그런데 초현이론에서는 맨 처음 26차원을 상정(想定)했다. 도대체 어째서 이렇게 차원이 많아져 버리는가?

초현이론은 자연계의 모든 것을 '통합하여' 설명하려는 궁극 이론이라고 말해지고 있다. 강한 힘도 중력도 무엇이든 다 담아 넣지 않으면 안 된다. 그러나 이론 속에 지금까지 없어 새로운 내용을 넣으려 하면, 수학적으로는 변수(變數, 이런 때는 변수라기보다 파라미터라고 부르는 것이 어울린다)를 늘리거나, 기하학적인 표현 방법에서는 차원을 많게 하는 것이 통상적인 방법이다.

우리 인간에게 감각될 수 있는 것은 3차원까지이나, 거기는 수학이라고 하는 추상 개념을 다루는 이론이므로 인간의 머리가 어떻게 생각하건 알 바가 아니다. 10차원이건 26차원이건 사정없이 냉큼 형식화하면 된다. 하기야 되도록 차원수가 적은 편이 낫기는 하지만…….

6개의 차원은 어디로 사라졌는가?

아인슈타인은 일반상대론을 완성시킨 후, 그 후의 연구로서 중력과 전자기력의 대칭성을 추구했다. 그는 이것을 통일원리라고 부르고 평생의 작업으로 삼았다.

만유인력의 식과 전기나 자기의 쿨롱식은 완전히 같다. 힘이 거리의 제곱에 반비례하고, 물질의 양(질량 및 전자기의 양)의 곱에 비례한다고 하는 이 형태는 우연의 일치라고는 생각되지 않는다. 전기가 세차게 가속하면 전기장(電氣場)이나 자기장(磁氣場)은 그것을 따라가지 못해, 전자기파로 되어 공간으로 퍼져 나간다. 아마 큰 천체가 진동이라도 할라치면 중력장(重力場)이 광속으로 달아날 것이다. 이것이 중력파이며 그 메커니즘은 전자기파와 꼭 같다.

그렇다고 하면 중력이론과 전자기이론을 통합한 것, 그 양자가 생기는 근원이 하나라는 것도 증명하고 싶어진다. 다만 전자기에는 인력과 척력이 있는 데 대해 중력은 인력뿐이라는 결정적인 차이는 있다. 그러나 왜 그 부분이 다른지는 불가사의한 이야기다. 이래서 아인슈타인은 통일장의 연구에 생애를 바쳤지만 그것은 결실을 보지 못했다.

그런데 이 통일장의 이론에 아직도 맥이 있을 듯이 생각되던 1921년에 데오도르 칼루짜(Theodoar Franz Kaluza, 1885~1954)라는 학자가 다음과 같은 제안을 했다.

시공간의 4개의 차원(또는 변수라고 해도 된다) 속에 전자기적인 양을 포함시킨다는 것은 이미 불가능하다. 전자기도 한패로 끌어들여서 중력과 같은 자격을 지니게 하기 위해서는 한 차원을 더 증가시키지 않으면 안 된다.

이 설은 후에 토폴로지(topology: 위상기하학)라는 일종의 도형적인 학문으로서, 이상한 항아리의 그림을 그린 펠릭스 클라인(Christian Felix Klein, 1849~1925)이 지지하여 칼류짜~클라인 이론이라고 불린다.

이 5차원의 기하학은 (수학적으로는 5행 5열이 행렬을 쓰게 되지만) 결국은 실패했다. 지금에 와서 생각해 보면 힘에는 이 외에도 약한 힘과 강한 힘이 있으며, 전자기력과 중력만을 맨 먼저 결부시킬 이유는 없다. 특히 중력의 크기는 다른 힘보다 엄청나게 작아, 이것들의 통합은 맨 뒤로 돌려져

자연계의 궁극은 끈?

야 한다.

그러나 거기까지는 발전하지 못했던 1950년경의 물리이론은 부질없이 중력과 전자기력의 결부에만 속을 썩히고 있었던 것이다.

결과는 어찌되었든 여기서 말하고 싶은 것은, 새로운 현상을 설명하기 위해서는 어쨌든 변수(파라미터)를 많게 하지 않을 수 없는 것이다. 네 가지 힘을 '통합하여' 설명하는 초중력 이론에는 '초현'이 유효한 수단으로 생각되어, 최초의 계산에서는 26차원이 필요하다는 것으로 되었다. 후에 이론을 정리해서 10차원으로 결론지었다. 10차원이라고 하는 짐작도 할 수 없는 시공간 속에 존재하는 현의 진동이, 이 세상의 입자나 그것들의 상호 작용을 총합적으로 설명한다고 말하는 것이다.

현재의 세계는 시간까지를 포함하여 4차원이다. 초현이론에서 10차원이었으므로 나머지 6차원은 어떻게 되어버렸는가, 없어져버렸는가? 아니면 플랑크의 길이 정도의 작은 영역에서는 여전히 10차원이 구성되고 있는 것인가? 유감스럽게도 초현이론은 그 형식이 너무도 수학적이기 때문에 현실과 대비하기가 매우 어렵다.

현재 우리가 감지하는 것은 3개의 공간차원과 하나의, 과거로부터 미래에 걸치는, 시간에 불과하다. 그렇다면 잃어버린(다고 생각되는) 6가지 중에 시간은 없었는가, 공간뿐이었는가? 만약 시간이 있었다면 '잃어버린 시간이란 어떤 것이었는가' 하고 묻고 싶다. 초현이론은 아직 이들 질문에 대답할 단계에는 이르지 않았다. 수식만으로써 설명된 이 이론을 알기 쉽게 말하라면, 자연계의 궁극은 10^{-35}미터 안에 갇혀진 끈과 같은 것이며 거기는 '10차원이다'라고 밖에는 표현할 방법이 없지 않을까?

보손과 페르미온

결국 자연계는 대칭이 아니면 안 된다고 하는데, 소립자의 대칭성에는 또 하나 다른 면이 있다. 자세한 설명은 생략하지만, 입자 속에는 하나의 미시적 상태(양자적 상태)에 여러 개가 들어갈 수 있는 광자나 중간자 같은 것이 있다. 이들 입자는 위치나 속도가 모두 같아도 상관없다. 이런 종류의 많은 입자의 행동을 생각할 때 사용되는 수학을, 두 물리학자의 이름을 따서 보스-아인슈타인 통계라고 부른다. 상대론의 아인슈타인은 1905년에 빛도 입자라고 하는 광양자설(光量子說)을 제창하여, 이 광양자(후에 광자로 불림)에 앞에서 말한 성질이 있기 때문에 그의 이름이 붙여졌다. 또한 보스 (Satyendra Nath Bose, 1894~1974)는 인도 사람이다. 또 이것을 간단히 보스 통계라고 하고, 이 통계를 따르는 입자를 간단히 보손(boson)이라고 한다.

이것에 대해 하나의 상태에 1개밖에 들어가지 못하는 입자는 그 종류가 많으며 전자, 양성자, 중성자, 세 종류의 뉴트리노 등 모두가 이 성질을 지닌다. 예컨대 원자 속의 K각(殼)의 상태는 2개, L각은 8개인데, 1개의 전자가 한 자리씩 이것을 메워간다. 양자역학의 두 개척자인 이탈리아 엔리코 페르미(Enrico Fermi. 1901~1954)와 영국의 폴 디랙(Paul Adrien Maurice Dirac, 1902~1984)의 이름을 따서 페르미-디랙 통계 또는 간단히 페르미 통계라고 부르고, 이 통계를 따르는 입자를 총칭하여 페르미온(fermion)이라고 한다.

결국은 궁극 입자인 소립자, 나아가서는 가장 기본적인 쿼크 등도 보손이나 페르미온 중 어느 하나이다. 마이크로한 물질이라도 비교적 질량이 큰 원자나 분자는 두 통계의 중간값으로 아주 좋은 근사이므로, 굳이 보손이니 페르미온으로 하지 않고, 좀더 수의 운영이 수월한 근사방법으로서 수식에 올린다. 이것을 고전통계 또는 맥스웰-볼츠만 통계라고 부른다.

수소분자는 가볍지만 2개의 원자로써 이루어지는 분자이며, 회전의 자유도 등이 끼어들어서 도리어 고전통계로서 다루기가 쉽다. 그러나 헬륨(He)은 수소분자의 2배의 무게를 가지면서도, 양자효과(고전통계에서는 이미 잘 안 되는 사항)가 나타난다. 통상의 ^{4}He는 페르미온의 홀수 개의 복합체이므로 페르미온으로 된다.

보손의 집합체는 저온이 되면 보스 응축이라고 하는 특수한 상태로 되는 것이 수학으로부터 밝혀져 있다. 액체 헬륨이 절대 2.19도 이하에서 보여주는 불가사의한 현상은 바로 이것이다. 용기에 넣어둔 저온 헬륨은 자연히 용기의 벽을 올라가서 바깥쪽으로 흘러나가는데, 그것의 동위원소인 ^{3}He에는 이런 성질이 없다.

소립자, 기본입자는 모두(모형적으로 말하면) 자전하고 있다. 역학에서는 이것을 각운동량(角運動量)을 갖는다고 하며, 질량이 큰 것이 빠르게 회전하면 당연히 각운동량은 크다. 그러나 각종 입자의 각운동량은-참으로 이상한 일이지만-입자의 질량의 대소에 관계없이 비슷한 값이 된다. 플랑크 상수 h를 2π로 나눈 $h/2\pi$를 단위로 하여(각운동량은 질량과 속도와 길이를 곱한 것이므로, 그 성질은 h와 같다) 그것의 0배, 1/2배, 1배, 3/2배······등으로 되어 있다.

입자가 자전으로 각운동량을 지니면 그 입자는 자기(磁氣)모멘트도 더불어 지니는 것으로 되고 (즉 작은 자석의 막대이기도 하고), 이 각운동량 겸 자기모멘트를 가리켜 스핀이라고 부른다. 또 그 크기도 스핀이라고 하며, 단위인 $h/2\pi$는 생략하여 스핀 1/2이라든가 스핀1이라든가로 부르기로 하고 있다. 그리고 연구의 대상으로 하고 있는 입자의 스핀이 정수(0, 1, 2······)라면 그 입자는 보손이고, 반(半)정수(1/2, 3/2······)이면 페르미온이 된다. 왜 그렇게 되느냐고 하는 증명은 좀 복잡하기 때문에 할애하고, 어쨌든 입자는 스핀이 정수 쪽이라면 보손, 반정수 쪽이라면 페르미온이라고 알아두면 충분하다.

수지(susy)여!

그런데 이제부터가 입자의 대칭성에 관한 문제이다. 세상에는 보손과 페르미온이 있다. 보손은 철저하게 보손이고, 또 페르미온은 처음부터 페르미온으로 정해졌다. 뭔가 불공평하지 않은가? 대칭성을 결여하고 있지는 않은가?

소립자에 대해서는 6종류의 경입자(렙톤)는 그대로 최종 입자이지만,

중간 중입자는 각각 2개와 3개의 쿼크로써 이루어져 있다. 경입자도 쿼크도 모두 스핀 1/2이고 페르미온이다.

한편, 이 외에도 상호 작용을 매개하는 입자가 있다. 그것들을 일반적으로 게이지(gauge)입자라고 부르는데, 가장 보편적인 것이 전자기 상호 작용에 없어서는 안 되는 광자이며 이것의 스핀은 1이다. 강한 상호 작용에 관여하는 입자를 글루온(gluon)이라고 부르며 이것의 스핀도 1이다. 예를 들면 양성자 속에 있는 3개의 쿼크는 이 글루온에 의해 단단히 결합되어 있다.

약한 경우의 상호 작용을 매개하는 입자를 그래비톤(graviton)이라 부르고, 여러 가지 간접적인 연구 결과 이것의 스핀을 2라고 생각한다. 중력은 다른 힘과는 달라서 엄청나게 작으며, 따라서 그것에 관여하는 그래비톤 등은 전혀 관측에 걸려드는 것은 아니지만, 상호 작용이라고 하는 '형태'로 보아 결합의 구실을 하는 입자의 존재는 당연한 것으로 생각된다. 지구상의 물체가 아래로 끌리는 것은 지구와의 사이에 그래비톤을 주고받는 것이라고 생각하는 것이다. 또 중력파라고 하는 것은 이 그래비톤이 광속도로 우주 공간을 달려가는 모습이라고 생각하면 된다. 이런 의미에서는 중력과 전자기력은 매우 흡사하다.

물질 구성의 궁극 입자는 모두가 페르미온, 힘을 매개하는 입자는 모두 보손, 뭔가 이야기가 너무 잘 되어 있다는 느낌이 없지도 않다.

초현이론이라는 것은 이와 같이 페르미온과 보손의 대칭성마저 생각해 버린다. 통상적인 대칭보다도 한층 그 정도가 강하다고 해서 이것을 초대칭(超對稱)이라고 부른다. 여기까지를 고려했기 때문에 초현이론은 10차원으로 되지 않을 수가 없었다.

초대칭성에서는 대칭입자(對稱粒子)라는 것을 생각한다. 쿼크의 대칭입자를 S쿼크, 렙톤(경입자)의 대칭입자를 S렙톤이라 부르고 모두 스핀은 제로이다. 따라서 보손이 된다.

한편, 게이지 입자 쪽은 포톤(광자)의 대칭입자를 포티노(photino)라 부르고 스핀은 1/2, 글루온의 그것은 글리노(glino)이고 스핀은 마찬가지로 1/2, 위크보손 W의 대칭입자는 위노(weano), 마찬가지로 Z는 지노(zino)로서 스핀은 역시 모두 1/2이다. 그래비톤의 대칭입자를 그래비티노(gravitino)라 하고 이것의 스핀은 3/2으로 한다. 즉 게이지 대칭입자는 모두 페르미온이다. 이들의 대칭입자가 존재하면 자연계는 완전히 공평하여, 어느 편을 특별히 편드는 일은 없는 셈이 된다. 요는 초현이론이라는 것은 이렇게까지 보편성을 추구한 이론이라고 하는 것을 말하고 싶었던 것이다.

또 여기서 말하는 대칭성은 super symmetry이므로 대칭입자는 이 말로부터 수지(susy)라고 한다. 하전입자 가속기에서 쿼크를 벌거숭이로 해서 측정하는 것은 무리이며, 하물며 그래비톤의 관측 따위는 생각조차 할 수 없으나 수지는 어쩌면 실험에 걸려들지도 모른다. 세른연구소에서 위크보손을 발견한 카를로 루비아(Carlo Rubbia)의 그룹이, 같은 시기에 마침내 대칭입자를 발견했노라고 기뻐했었지만 결국은 오인으로 확인되어 헛물 켰다.

그림자의 세계

초현이론은 수지(susy)라고 하는 대칭입자의 존재를 예상하는 것인데, 정말로 그런 것이 있을까? 소립자론이라고 하는 것은 가능한 한, 입자의 종류를 통합하여 줄이는 것이 사명이다. 그리하여 경입자 이외는 마침내 3종류 쿼크로만 되었다고 생각한 것도 한 순간, 그것이 6종류로 불어나고 더욱이 그 하나하나에 각각 세 가지의 색깔이 차이가 있다는 것으로 되었다. 또 반(反)쿼크까지 계산하면 32종류나 되어버린다. 하기야 색차라고 하는 것은 성질의 차이가 아니고, 보다 형식적인 분류라고 하는 사고방식도 있겠지만 어쨌든 한번 줄였던 것이 또 다시 불어난다고 하는 것이 소립자 물리학의 숙명인 듯한 마음이 든다.

그리고 지금 여기에다 수지까지 인정하게 된다면 기본입자의 종류는 배로 된다. 정말 수지라는 것 따위가 있을까? 고지식한 사람이라면 이젠 그만! 하고 소리칠지 모른다.

수지와 통상적인 입자는 중력을 통해서만 관계를 갖는다고 한다. 몇 번이나 말했듯이 중력 상호 작용은 전자기 상호 작용에 비해 훨씬 약하다. 그러므로 수지를 발견할 가능성은 매우 작다. 그 때문에 신변에 있으면서도 이 초대칭입자가 인지되지 않는 것인지도 모른다. 이런 이유로 수지에서 만들어지고 있는 메커니즘을 그림자의 세계라고 부르는 일이 있다. 거기에는 S쿼크도 S렙톤도 있으므로, 이 세상과 꼭 같은 세계가 있을 터이지만 우리 눈에는 보이질 않는다. 왠지 좀 으스스한 이야기이기는 하지만 이론의

이 세계와 같은 '수지'의 세계.

결과가 그렇게 되는 것이므로 어쩔 도리가 없다.

우주는 음에너지의 전자로 가득 차 있다!

아이슈타인은 일반상대론의 식에서 우주항(宇宙項)이라는 것을 도입했다고 앞에서 말했다. 그는 이 항이 없으면 우주는 전체가 만유인력에 의해 집중되어버릴 것이라고 생각했다. 그 후 허블의 관측으로부터 우주가 팽창하고 있다는 것을 알았고, 잘만 하면 우주항이 없더라도 천체의 집중을 걱정할 필요가 없다는 결론에 이르게 되었다. 그리고 우주는 그대로 팽창을 계속해 가느냐, 아니면 최대값까지 갔다가 그 후에 수축하느냐고 하는 것에 대해서는 사실인 즉 알지 못하고 있다.

다만, 우주에 많은 물질이 있을 때, 즉 천체든 무엇이든 간에 평균밀도가 일정한 밀도 이상으로 되었을 때는 만유인력으로 해서 다시 수축한다는 것이 대개의 예측이다. 그렇다면 일정한 밀도(이것을 임계밀도라고 한다)는 어느 정도일까? 사람에 따라서 제창하는 값이 각각 다르지만, 1리터 속에 양성자 1개 정도……라고 추정하는 사람이 많다.

그렇다면 현실의 우주밀도는 어떠한가? 이것에도 여러 설이 있어서, 임계밀도의 2~3배라고 하는 사람이 있고 개중에는 임계밀도의 1%도 채 안된다고 생각하는 사람도 적지 않다. 그렇다면 우주는 자꾸 퍼져 나가기만 하는 것일까? 아인슈타인의 식에서 우주항의 부호를 바꾼 것(즉 우주항을 인

력으로 생각한다)를 사용하면 좋을 터인데, 그 근거를 얻고 싶다.

앞에서도 잠깐 언급했지만, 우주에는 천체도 관통하는 뉴트리노가 날 아다니고 있다. 이것이 질량을 갖고 있는지 아니면 질량이 제로인지 현재 로서는 명확하지 않지만, 가령 1개당 아주 근소한 질량이 있다고 해도 우 주의 물질밀도는 커질 것이 틀림없다.

또 하나 과감하게 그림자의 세계를 인정해 버리면 어떨까 하고 주장하 는 사람들도 있다. 이 자연계에는 눈에 보이지 않는 초대칭입자로써 이루어져 있는 세계가 있다. 다만, 그것의 중력만은 현실 세계에도 관계되기 때문에 결국, 이 그림자의 세계가 우주의 무한한 팽창(膨脹)을 저지하고 있다고 하는 것이다. 과연 어떠할까?

그림자의 세계와는 다른 이야기지만, 보이지 않는 입자라는 것이 양자역학의 학습 중에 있었다. 전자의 존재는 일찍부터 알고 있었지만, 영국의 디랙은 그 방정식과 열심히 씨름했다. 전자의 에너지를 계산하면 2차방정식이므로, 해당은 플러스와 마이너스의 양쪽이 나온다. 보통이라면 여기서 마이너스는 채용하지 않는다고 하고서 잘라 버릴 터인데, 끝까지 수학에 충실했던 디랙의 뛰어난 식견이 있었다. '이 음에너지의 전자가 빠져 나간 구멍이 양전자이다'라고 하는 설을 제창했다. 1930년의 일이다.

양전자의 이야기는 알았지만 이 음에너지의 전자란 도대체 무엇일까? 공간을 빈틈없이 꽉 채우고 있다고 한다. 그러므로 이따금 구멍이 생기면 그것이 양전자로서 행동한다. 양전자 따위는 좀처럼 볼 수 없으므로 공간은 거의가 음에너지로 전자로 만원이 된다. 그 공간이란 어디를 말하는가? 설마 지구 주위라는 따위의 작은 이야기는 아닐 것이다.

양전자는 우주적으로 보편적인 경입자의 일종이다. 그렇다고 하면 태양 부근에도 은하계의 중심에도 안드로메다에도 멀리 있는 준성(準星) 부근에도 가득히 있어야 한다. 정말로 그런 방대한 양의 음에너지의 전자라는 것이 존재하느냐 하는 의심이 생기지만, 디랙의 결론에 따르면 우주 전체에 가득히 차 있다고 생각하지 않을 수 없다. 그렇다면 팽창우주에서는 어떻게 될까? 공간의 확대와 더불어 음에너지의 전자 수는 자꾸만 불어나는 것일까?

아마도 음에너지의 전자라는 것은 어느 의미에서는 형식적인 것이며, 실체가 있는 소립자와 동일한 이미지로는 생각할 수 없다고 하는 것일 것이다. 이와 같이 공간 가득히 채워져 있는 입자로서, 고찰하는 도중에서 나타난 것은 음에너지의 전자뿐이다. 그렇다면 또 달리는 없을까? 소립자 또는 쿼크는 모조리 반(反)입자를 갖는데, 그 반입자를 설명할 경우 마이너스 에너지의 입자를 가정하지 않아도 되는 것일까? 왜 반전자의 경우에만 음에너지의 전자라고 하는 기묘한 것을 상정하는가? 다른 입자에서는 어떻게 되어 있을까?

이런 이야기는 정말 알기 어렵기도 하고 또 이런 논의에 언급한 것도 그다지 없다. 식자(識者)에게 물어보아도 '있다고 생각하면 있고, 없다고 생각하면 없다'라는 대답이 고작일 것이다. 이래서는 어쩔 방법이 없다.

음에너지의 전자를 문제로 삼은 것은, 이것이 우주 가득히 차 있다고 생각하지 않을 수 없었기 때문이다. 진공의 공간으로부터 빅뱅이 시작되었다고 하는데, 이때 진공이 아니고 음에너지의 전자 또는 그것에 해당하는 것은 없었을까? 음에너지의 전자의 에너지는 마이너스이지만, 그때의 진공의 에너지는 어떻게 생각해야 되는가? 진공의 상전이(상전이)라고 말하지만, 설사 가상적인 의미의 것이더라도 기묘한 입자가 가득히 차 있는 진공이었다면, 무언가 커다란 변화가 있는 것도 수긍이 가겠는데, 그와 같은 모델은 생각하지 않는 것일까?

유감스럽게도 이런 종류의 문제는 미해결이라기보다는 아직 손을 대고 있지 않는 것 같다.

우주 전체가 블랙홀

우주에 관해서 여러 가지 이론이 제안되고, 경우에 따라서는 상세한 논급도 있지만, 결국은 아직도 모르는 일이 훨씬 더 많다는 예를 또 하나 들겠다.

블랙홀을 만들기 위해서는 고밀도의 천체가 필요한데, 그 천체의 질량이 훨씬 크면, 밀도는 크지 않아도 된다는 것은 앞에서 간단히 설명했다. 지구 자체를 찌그러뜨려서 블랙홀로 만들면, 그 반경은 8.9㎜, 한편 태양의 그것은 2.95㎞가 된다. 밀도비를 계산해 보면 태양은 지구의 1,000억분의 1이면 된다.

그러면 우리의 우주 전체의 질량을 계산해 보기로 하자. 은하계에는 태양만 한 질량의 것이 1,000억 개, 그리고 우주 전체의 은하의 수를 가령 1,000억 개로 하여 슈바르츠쉴트의 반경으로 계산해 보면, 어림잡아 100억 광년이라는 값이 된다.

이것은 백 수십억 광년의 우주 공간……이라고 하지만 슈바르츠쉴트의 식을 그대로 적용하면, 우리의 우주 전체는 블랙홀이라고 하게 된다. 그러나……하늘을 보아도 알 수 있듯이, 빛은 직진하고 있다. 지구 위에서는 근소한(도저히 빛 따위는 휘어지게 할 수 없는) 중력장밖에 없다. 시간과 공간이 역전한다거나, 시간의 진행이 어쩌면 반대일지도 모르는…… 따위의 희한한 일은 도저히 생각할 수 없다. 요컨대 슈바르츠쉴트의 식은 중력장이 극단으로 셀 경우 밖에는 적용이 안 된다고 하는 것이리라.

그러나 백 수십억 광년의 크기를 갖는 우리의 우주는 슈바르츠쉴트의 반경 내에 통합되어 있는 것으로서 외계와는 분리된 것, 즉 격리된 것이라고 하는 생각을 할 수 없는 것도 아니다. 블랙홀이란 외부로부터의 정보는 와도 내부로부터는 나가지 않는다는 일방적인 것이지만, 어떠한 의미에서는 우리 우주는 고립된 것이라는 생각도 든다. 바깥 일을 알지 못하기 때문에 차라리 화이트홀이라고 말해버리면 그만이지만, 우리 우주 이외에도 더 다양한 우주가 존재하고 있을지도 모른다. 의외로 우리는 우물 안의 개구리이며, 자신의 우주 이외는 아무것도 모르는 물리적으로는 정보교환이 불가능한 입자에 있다고 하면 이야기가 좀 과장된다고나 할까?

다른 세계로

우주의 초기, 인플레이션에서 거품처럼 크고 작은 온갖 우주가 형성되었다고 하는 설은 앞에서 소개했다. 그때 다른 우주 사이는 웜홀로 연결되어 있었다고 한다. 이 웜홀은 이 책의 맨 처음에서 소개했는데, 만약 있었다고 한다면 10^{-35}미터라는 가느다란 것이다. 그것을 어떻게 벌려서-하고 킵 손은 좀 무리한 주문을 했지만-인간이 통할 수 있게 했다면, 그 사람은 순식간에 다른 세계로 워프(warp) 한다. 물론 강한 중력장에도 꿈쩍하지 않는, 말하자면 신과 같은 인간을 생각하지 않으면 안 된다.

웜홀 앞쪽의 우주가 현세와 흡사한 것인지, 아니면 생판 다른 것인지는 아무도 모른다. 다만, 우주의 탄생기에는 동일한 것에서부터 출발하여 대칭적인 것이었으므로(즉, 분화하지 않았으므로), 존재하는 기본입자 등은 물리학의 지식으로 해명될 수 있을 것이다. 하기야 어떤 원인으로 분화의 마지막에 분리되어 나간 어떤 우주에는 반입자 쪽이 약간 많았고 그 때문에 앞으로 나가야 했을 우주가 반입자의 세계였다는 일은 있을 수 있을 것이다.

그 우주에서의 시간과 경과는 역시 엔트로피로부터 측정하는 것이 제일 좋지 않을까? 그리고 그 우주에서도-아마-엔트로피는 증가방향을 더듬어 나가고 있는 것이 틀림없다. 그것이 시간이라고 하는 것이다.

다만, 거기에 생물, 더욱이 지혜를 지닌 무엇이 존재했는지 어떤지는 보증할 수 없다. 유기화합물이 알맞게 생성되는 것은 어지간히 우연한 일이었다고 한다. 만약 자연계로부터 우연히 누적되어 인간의 뇌가 만들어졌다고 한다면, 그 확률은 매우 작은 것일 것이다, 그렇다고 해서 인간이 혼자 뽐낼 이유는 없다. 넓은 세상(?)에는 훨씬 더 두뇌가 발달한 동물이 있을지 모른다. 유기물에 집착하는 것 같지만, 탄소와 비슷한 실리콘이나 게르마늄 인간이 있다고 해도 좋다고 주장하는 학자도 있다. 지구 위에서 거대분자를 만드는 데는 아무래도 4가(價)의 더욱이 가벼운 탄소가 그 골자가 되어야 하는데, 같은 4가의 다른 원자에서는 어떨까? 온도나 압력, 그 밖의 조건을 생각했을 때 실리콘이나 게르마늄의 유기물(?)은 우선 무리일 것이라고 하는 것이 과학자의 일반적인 견해인 듯하다. 그렇다고 해서 초우라 늄원소는 제외하고, 92종류의 원소 이외의 원자가 있으리라고는 생각되지 않는다. 양성자나 전자의 개수는 1에서부터 차례로 92까지 다다르고, 그 중간의 어정쩡한 것은 있을 수 없으니까 말이다.

어쨌든 다른 세계의 일은 모르거니와, 아무리 호기심이 많더라도 가보고 싶다고는 생각하지 않는다. 갈 수 있다고 한들, 인간이 살 수 있는 환경 (온도나 압력 등)인지 어떤지도 모르며, 다시 이 우주로 되돌아오리라는 보장도 없기 때문이다.

괴상한 웜홀

웜홀이 동일한 우주를 연결하고 있다고 하는 주장도 있다. 이것은 약간 흥미롭다. 이 경우도 그것을 통과할 수 있느냐, 없느냐고 하는 문제는 젖혀 두고라도, 만약 그것을 빠져 나가면 지구로부터 금방 시리우스, 백조자리, 안드로메다로 옮겨가게 된다. SF나 동화(動畵) 등에서 사용하는 것은 이것을 따온 것이다. 로켓을 타고 있으니까 망정이지 산 몸둥이의 인간이 다른 별로 간다면 어지간히 튼튼한 내온, 내압의 옷이라도 입고 있지 않는 한, 당장 죽어버릴 것이다. 그러나 어쨌든 웜홀이 겹겹으로 쳐져 있다면 우주 내의 이동은 자유자재다. 은하계의 중심까지 빨라도 3만 년 따위라는 조건은 없어진다.

그런데 구형의 우주에 파이프 모양의 웜홀이 연결되어 있는 그림을 책에서 흔히 보는(웜홀은 물체에 결합된 손잡이 같은 상태로 되어 있다), 이와 같은 그림은 공간 속에 있는지 아니면 일부가 시간을 나타내는지 확실하지 않다. 즉 모든 것이 공간이라면 웜홀을 타고 다른 장소로 순간적으로 옮겨갈 수 있다고 하는 그림이다.

그러나 만약 웜홀의 방향이 시간 축이라면, 그 입구와 출구로는 시각이 틀린다는 것을 의미한다. 현대의 구멍으로부터 들어가서 위털루의 전쟁터로 나갈 수 있고, 또는 프랑스 혁명의 와중에 부딪치기도 한다. 구멍이 시간의 미래 방향으로 뻗어 있다면 2050년이든 3000년의 세계로도 갈 수가 있다.

맨 처음에서 킵 손의 고생담(?)을 말했지만, 아마도 그가 생각한 웜홀은 거리를 근소하게 이동할(역으로 말하면 시간을 전혀 이동하지 않는) 뿐인 터널일 것이다. 아무리 웜홀이라 할지라도 시간축과 평행으로는 되어 있지 않다. 이동하는 것은 거리뿐이라고 하는 전체가 있기 때문에 상대론의 립 반 윙클(rip van winkle) 효과 등을 이용하여 어떻게, 어떻게 해서 과거로 당도하는 방법을 논문으로 만들어 실었을 것이라 생각된다.

이렇게 생각하고 보면, 시간과 공간에서는 역시 다르다. 아인슈타인은 확실히 시간을 네 번째(또는 첫 번째)의 좌표로 하여 4차원의 기하학을 만들어 매우 대칭적인 수식을 제시했지만, 형식은 어디까지나 형식의 범주를 벗어나지 않는다. 위치를 이동하는 일과 시간을 이동하는 것과는 현실적으로는 전혀 다른 것 같다. 가령 웜홀이 시간 축을 따라가면서 이동하고, 공

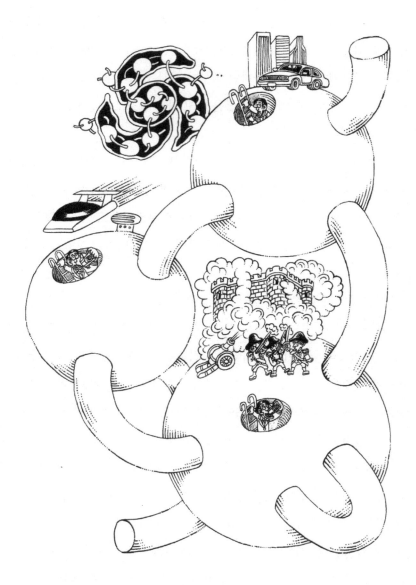

웜홀의 불가사의!

간적으로는 전혀 이동하지 않는다면, 소설의 타임머신처럼 같은 연구실의 옛날 장소로 나타날 수 있을까? 그렇게는 안될 것이다. 지구는 자전하고 더욱이 공전하고 있다. 그리고 태양계는 은하계를 중심으로 하는 회전운동을 하고 있다, 그 은하계조차 이동하고 있지 않다는 보증이 없다.

그러므로 100년 전의 같은 장소로 머신을 움직이면, 우주 공간의 터무니없는 곳에 출현하고, 인간은 공기가 없어 죽어버릴 것이다. 그러나 그것을 말하면 아무 감칠맛도 없기에 소설에서는 기계는 언제나 지구 위의 같은 장소인 연구소를 시간적으로 이동하는 것으로 하고 있다.

결말 없는 결말

우주에서의 시간은 참으로 복잡하여 저 호킹조차도 자기주장을 굽혔다. 팽창 때는 팽창과 더불어 엔트로피 시간은 경과해 간다. 여기까지는 좋다. 그러나 수축 때는 시간의 화살은 역전한다고 했다. 그러나 후에, 그것은 잘못이고 수축 때도 역시 순방향으로 흘러가서 역전은 일어나지 않는다고 했다.

이것은 우주의 팽창이 도중에서 멎고 이후는 수축한다고 가정했을 경우의 이야기이지만, 만약 팽창으로 열려진 우주였다면 어떻게 되는가? 우주물질의 밀도가 작기 때문에 그럴 가능성이 없다고는 말할 수 없다.

이것에 대해서도 많은 전문가의 발표가 있다. 다만 그들의 주장은 가지

각색이며 일정하지 않다. 어쨌든 우주에 있는 모든 항성은 내부에서 핵반응이 일어나고, 처음에는 헬륨이 많아지지만 이윽고는 가장 에너지가 낮은 철로 되어 핵융합반응이 끝난다. 그리고 대통일이론에 의한 양성자의 붕괴가 일어나고, 이때에 출현하는 온갖 입자로 우주가 채워지는데, 양성자의 최대 수명이라 말해지는 10^{32}년(1조 년의 1조 배의 1억 배)이 지나면, 이 세상에 중입자는 없어지고, 경입자만으로 된다고 한다. 또 이것에 의해 출현하는 전자와 양전자가 쌍으로 되어, 중심의 주위를 회전하는 것과 같은 간단한 원자(?)도 다수 발생한다고 한다. 그리고 커다란 블랙홀도 이와 같은 장시간 동안에는 증발하여 최종적으로는 반응이 끝난다. 다만, 그때까지는 100조 년(10^{14}년) 정도가 걸린다고 한다. 우주의 탄생에서부터 현재까지의 시간(10^{10}년)과 비교하더라도 1만 배나 길다. 이윽고 천체의 대부분은 블랙홀로 되고, 그렇지 않고 은하계 부근에 있는 것은 접근과 우연한 만남에 의해 운동에너지를 얻어, 은하계 밖으로 튀어나가고, 그것들도 이윽고는 블랙홀로 삼켜 들어가고 만다.

블랙홀은 불어나지만 한편에서는 우주로부터 형태가 있는 것은 모조리 없어진다.

엔트로피론으로 말하면, 블랙홀은 가능한 한 하나로 뭉쳐져 커지고, 그 표면적으로 증가시켜 가는 것이 이치이지만 양자역학이 그렇게 못하게 한다는 것이 결론의 하나이다.

그러나 한편에서는, 우주는 끝도 없이 계속하여 팽창하기 때문에 물질 또는 에너지의 공간 균일화는 일어나기 어렵다. 자연은 난잡성(이라기보다는 평균화)을 우주 공간에 일으키려 하지만 그 공간은 끊임없이 확대해 가기 때문에 따라붙지 못한다. 엔트로피는 무한히 커지려 하고 있지만 공간의 팽창 때문에 열적 죽음(熱的死)에 다다를 수가 없다. 거칠고 큰 먼지를 자꾸만 버리고 가면 마침내는 쓰레기장이 가득 차서 어찌할 방법이 없어지는데, 팽창우주의 경우는 쓰레기장 자체가 언제까지고 커지기 때문에 열적 죽음이라는 극한상태조차 일어나지 않는다.

엔트로피의 증대를 시간이라고 생각하면, 시간은 어디까지고 무한히 쉬지 않고 미래로 이어져 가는 것이다. 이것이 열린 우주(계속하여 팽창하는 우주)의 결말인데, 이 세계는 정말로 이와 같은 결말 없는 결말로 되는 것일까?

후기

　가모프는 빅뱅을 예언한 위대한 과학자이지만 한편으로는 많은 SF로 독자의 흥미를 끌어모은 엔터테이너(entertainer)이기도 하다. 과학자란 자연계와 대치하여 그것을 진지한 눈길로 관찰하는 사람이며, 엔터테이너 따위와는 거리가 먼 존재라고 할는지 모른다. 확실히 엔터테이너란 '대중을 즐겁게 해주는 예능인'을 말하며, 앎으로써 자기 자신이 즐기고 싶다는 과학자와는 좀 다를지 모른다. 그렇다면 자연계와 대치하여 그 로망을 사람에게 소개하는 사람이라고 고쳐 말하면 어떨까?

　이 책에서 말한 시간의 불가사의는 우주의 이야기에서부터 들어가는 대로망이다. 그 나름대로 멋지기는 하지만, '과학의 범주에는 들어가지 않는 것이 아닐까'라고 하는 의문도 있다. 확실히 실증된 것만을 과학이라고 한다면, 로망 속에는 어쩌면 로망으로만 끝나버리는 것도 있을지 모른다. 그러한 불확실성을 남겨두어서는 곤란하다고 생각하는 것도 하나의 식견일 것이다.

　그 식견에 서서 엄격한 과학을 규정한다면, 마이크로 세계의 양자론과 매크로 세계의 상대론, 현실적 대상으로서는 우주 공간에-이를테면 백조자리의 목 부분에-블랙홀이 있을 것 같다고 하는 정도까지나 진정한 의미로

236

서의 과학일지 모른다.

그러나 과학과 로망의 경계선을 어디에다 그으면 되느냐고 하는 것은 어려운 문제다. 30년쯤 전에는 각설탕 1개의 무게가 수억 톤이라는 따위의 고밀도의 물질 등은 한낱 꿈같은 이야기에 지나지 않았다. 가령 그와 같은 굉장한 것으로 이루어진 별이 있다고 하면 빛마저도 삼켜 버릴 터인데…… 라는 것은 일종의 비유에 지나지 않았다. 그것이 현재는 중성자별에서부터 블랙홀에 이르기까지의 탐색이 시작되고 있다. 로망은 로망의 범주를 벗어나 과학 속으로 끼어들어 있다. 과학사 가운데에는 이와 같은 호기심에서 태어난 상식을 벗어나는 듯한 내용의 것이 어느 틈엔가 진실로 인정되어 버린 것도 적지 않다.

특히 시간을 문제로 삼고 있는 이 책에 대해서는 기묘하게 생각되는 것은 허수시간의 출현이다. 본문에서도 말했듯이 4차원 시공간을 설정하여 '진지한' 입자에서는 피타고라스의 정리를 적용할 때의 시간 축은 , 즉 허수 축이 아니면 안 된다. 호킹은 허수시간을 채용함으로써 빅뱅이나 빅 크런치의 특이성에서 벗어났다. 그렇다면 우주의 탄생 때가 허수시간이고, 현재가 실수시간이라면 그 경계는 어디쯤일까? 어느 틈에 허수가 실수로 바뀌어졌는가? 유감스럽게도 호킹은 대답하지 않았다.

아니, 현세에도 여전히 시간은 허수라고 말하는 학자도 있다. 이 또한 매우 흥미 깊은 사고방식이다. 눈에 보이는 길이, 넓이 등과는 달라서 '경과'로서밖에는 인간에게 지각되지 않는 시간이 수학에서 말하는 허수시간이라고 하는 것이다. 어떤 의미에서는 속세를 벗어난(실수를 벗어났다고 할까?) 이런 사색이 로망일는지도 모른다.

그건 그렇고, 다시 현실로 돌아와 20세기 초에 양자론과 상대론이 제창되었다. 예전부터 전해진 상식을 깨뜨린 놀라운 학설이지만, 그들의 신빙성은 금방 확고한 것으로 되어, 양자론 등은 전자공학과 기타 분야에서 불가결한 것으로 되어 있다. 결코 학문상의 이론을 말하는 것으로 그치지 않고, 양자역학을 따르는 전자의 행동이 온갖 일상적인 제품을 만들어 내고 있는 것은 새삼 말할 필요도 없다. 바로 양자론과 상대론은 과학사상의 대혁명이라고 할 수 있을 것이다.

그런데 우주는 탄생 이래 오늘까지 100억 년 또는 150~160억 년의 시간을 새겨 왔다. 그리고 그 메커니즘이 이제, 이 책에서 말했듯이 양자론과 상대론에 의해 설명되려 하고 있다.

그것은 그 나름으로 좋다는 생각도 드는 한편, 필자는 아무래도 '정말로 그런 것일까' 하고 생각에 잠겨버릴 때도 있다.

상대론도 양자론도 생각하는 것을 장기로 삼는 인간이라는 생물에 의해, 그리스도 탄생 후의 서력 2000년 조금 전에 제안된 학설이다. 확실히 이 학설의 훌륭함에 이의를 다는 것은 아니지만, 그 '설'에 의해서 100억 년이 넘는 우주의 역사가 모조리 해명될 수 있을 것일까?

인류의 역사는 앞으로 얼마나 계속되는 것인지 알 수가 없다. 인류 멸망 따위의 엄청난 일도 있을 수 있겠지만, 아마도 21세기도 22세기도 또는 그 후로도 상당한 기간 계속되는 것으로 생각하는 것이 타당할 것이다.

그래서 20세기의 상대론과 양자론으로 모든 일을 설명해 버리려는 시도는 다른 말로 하면, 이미 장래에는 상대론 또는 양자론 이상의 기초적 이론은 인간의 연구 가운데에서는 나오지 않는다……고 하는 것을 의미하고 있을 것이다. 정말로 그럴까? 19세기의 사람들은 상대론도 양자론도 생각하지 못했다. 그렇다고 하면 현재의 우리가 생각도 미치지 못할 '무엇인가'를, 장래의 인간이 발견하고 개척하는 일은 없을까? 상대론과 양자론으로 기본이론이 끝나버렸고 나머지는 그것을 적용할 뿐……이라고 하는 것일까?

현재의 물리학의 실상을 살펴보면, 양자론과 상대론 이상의 것이 과연 있을 수 있을까 하는 마음이 들기는 한다. 그만큼 이 두 이론은 위대하다는 것이리라. 그러나 이 둘로 물리학은 끝장, 21세기 이후는 신규 이론은 없다고 잘라 말할 수 있는 것은 아닐 것이다.

그러나 현재의 시점에서는 가진 무기만이 사용하여 자연을 해명하는 수밖에 없다. 그 경위가 이 책에서 해설한 것과 같은 이야기가 되는 것이다. 그러나 -필자에게는 전혀 짐작도 안 가지만- 가장 기본적인 원리가 100년 후이든 200년 후이든 장래에 발견되고, 그러한 원리로부터 현재의 이야기와는 전혀 다른 우주의 과정이 설명될지도 모른다. 현재로서는 아무것도 예측할 수가 없으나, 인간은 어느 의미에서는 항상 겸허한 눈으로 자연을 관찰하지 않으면 안 된다.